基于系统生物学的卷烟危害性评价方法

U0333736

主　编	蔡继宝
副主编	苏加坤　徐　达　郭　磊　张建平　徐振宇
主　审	谢复炜
编　委	张晓旭　刘成林　罗娟敏　李　鑫　廖新萌
	孙　强　戴水平　洪　流　黄延俊　索卫国
	朱春晖　顾程程　赖建鸿　罗誉廷　黄卫东

华中科技大学出版社
http://press.hust.edu.cn
中国·武汉

内 容 简 介

　　吸烟有害健康已成为全社会的共识,大量的研究发现慢阻肺、心血管功能异常与吸烟有关,吸烟甚至被认为是有些疾病的主要诱导因素。系统生物学是一门新学科,主要是在基因水平、蛋白质水平、代谢水平等实验结果的基础上寻找各种各样的联系并将其整合起来,用以说明生物整体。采用系统生物学的方法全面评价卷烟的危害性,阐明卷烟烟气危害的系统生物学机制具有重要的社会现实意义。

　　本书共分为八章,第 1 章为系统生物学概述,第 2 章介绍系统生物学实验方法,第 3 章介绍基因组学研究,第 4 章介绍蛋白质组学研究,第 5 章介绍代谢组学研究,第 6 章介绍免疫学研究,第 7 章介绍毒理学和功能学研究,第 8 章介绍系统生物学机制研究。

　　本书可供烟草行业从事卷烟危害性评价技术研究和烟草化学研究的技术人员阅读参考。

图书在版编目(CIP)数据

　　基于系统生物学的卷烟危害性评价方法 / 蔡继宝主编. -- 武汉:华中科技大学出版社,2024. 11.
ISBN 978-7-5772-1420-7

　　Ⅰ. TS41

　　中国国家版本馆 CIP 数据核字第 2024S0R781 号

基于系统生物学的卷烟危害性评价方法
Jiyu Xitong Shengwuxue de Juanyan Weihaixing Pingjia Fangfa

蔡继宝　主编

策划编辑:江　畅
责任编辑:徐桂芹
封面设计:抱　子
责任校对:李　琴
责任监印:朱　玢
出版发行:华中科技大学出版社(中国·武汉)　　电话:(027)81321913
　　　　　武汉市东湖新技术开发区华工科技园　　邮编:430223
录　　排:华中科技大学惠友文印中心
印　　刷:武汉市洪林印务有限公司
开　　本:787mm×1092mm　1/16
印　　张:14.25
字　　数:320 千字
版　　次:2024 年 11 月第 1 版第 1 次印刷
定　　价:69.00 元

前言
PREFACE

吸烟有害健康已成为全社会的共识,大量的研究发现慢阻肺、心血管功能异常与吸烟有关,吸烟甚至被认为是有些疾病的主要诱导因素。流行病学资料和大量动物实验已证明吸烟是导致肺部疾病和心血管疾病的主要因素。当前卷烟的危害性评价主要集中在卷烟主流烟气有害物质的释放量、毒理学研究、心肺功能学研究等方面。

系统生物学是一门新学科,主要是在基因水平、蛋白质水平、代谢水平等实验结果的基础上寻找各种各样的联系并将其整合起来,用以说明生物整体。采用系统生物学的方法全面评价卷烟的危害性,阐明卷烟烟气危害的系统生物学机制,并积极寻找相关的生物标志物是烟草与健康研究的重要课题,也具有重要的社会现实意义。

本书运用系统生物学的理论,通过实例研究的方式阐述了烟气暴露动物模型建立、基因组学研究、蛋白质组学研究、代谢组学研究、免疫学研究、毒理学和功能学研究、系统生物学机制研究的思路和方法,可为烟草行业从事烟草与健康研究、烟气化学分析、烟草生物学研究的人员提供技术借鉴。

本书共分为八章,内容丰富,技术应用实例详尽,具有较强的科学性、知识性和实用性。本书编写具体分工如下:第1章和第2章由江西中烟工业有限责任公司蔡继宝完成,约4万字;第3章和第7章7.2节由江西中烟工业有限责任公司苏加坤完成,约4万字;第4章由福建中烟工业有限责任公司张建平、黄延俊完成,约4万字;第5章由江西中烟工业有限责任公司徐达完成,约7万字;第6章和第8章8.1～8.4节由中国海洋大学博士廖新萌(现工作于北京生命科技研究院)完成,约5万字;第7章7.1节由江西中烟工业有限责任公司郭磊完成,约4万字;第7章7.3节由江西中烟工业有限责任公司张晓旭、戴水平完成,约2万字;第8章8.5节由江西中烟工业有限责任公司刘成林、罗娟敏、李鑫共同完成,约2万字;图表绘制工作由徐振宇、孙强等共同完成。编者在编写本书的过程中查阅参考了大量的国内外相关领域的论文、论著和研究成果,在此谨表谢意。本书的编写还得到了郑州烟草研究院、中国辐射防护研究院等单位的大力支持和帮助,在此表示衷心的感谢!

由于时间仓促及编者水平有限,疏漏和错误之处在所难免,恩请读者给予批评指正。

编者
2024 年 6 月

目 录
CONTENTS

第 1 章

系统生物学概述

系统生物学(systems biology)是随着生命科学飞速发展而形成的一个新兴生物学分支,它将对基础医学、临床研究及药物研发等产生重要影响。系统生物学是研究一个生物系统中所有组成成分(基因、mRNA、蛋白质、代谢物等)的构成,以及在特定条件下,如遗传、环境因素变化时,这些组分间相互关系的学科[1,2]。由于生物体是一个复杂系统,因此,只有通过各种分子机制、途径和网络的整合,才能全面、系统地阐明复杂的生物学现象。系统生物学以整合多种组学信息为手段,力图实现从基因到细胞、组织、个体的各个层次的整合,是以整体性研究为特征的一种大科学,是生命复杂体系研究目前比较公认的思维方式和研究手段。系统生物学与经典生物学的最大区别在于,经典生物学分别对基因和蛋白质等进行观察和研究,而系统生物学则观察所有或大部分组成成分及它们之间的相互作用和影响。

1.1　系统生物学发展历史

系统生物学是生命科学研究领域的一门新兴学科,它是由人类基因组计划的发起人之一——美国科学家 Leroy Hood 最早提出的[3]。系统生物学是研究一个生物系统中所有组成成分(基因、mRNA、蛋白质等)的构成,以及在特定条件下这些组分间的相互关系的学科[4]。也就是说,系统生物学不同于以往的实验生物学(仅关心个别的基因和蛋白质),它要研究所有的基因、所有的蛋白质、组分间的所有相互关系。

在 Hood 看来,系统生物学和人类基因组计划有着密切的关系,正是在基因组学、蛋白质组学等新型大科学发展的基础上,孕育了系统生物学。1990 年启动的人类基因组计划是生命科学史上第一个大科学工程,该计划是生物学发展的一个重要转折点,使研究工作由分解转向了整合,研究的构架也由单一的生物学实验室转变为大科学工程与传统生物学实验室相结合的模式。生物学与数学、物理、计算机科学更紧密地交叉,使生物学由描述性科学发展为定量预测的科学。在人类基因组计划带动下出现的一系列组学,逐步把分子生物学时代推向系统生物学时代。Hood 在 1999 年年底与另外两名志同道合的科学家一起创立了世界上第一个系统生物学研究所。随后,系统生物学便逐渐得到了生物学家的认同,也引起了一大批生物学研究领域以外的专家的关注。

2002 年 3 月,美国 Science 登载了系统生物学专集,其中有一篇题为《心脏的模型化——从基因到细胞到整个器官》的论文,系统阐述了这种整合性思想[5]。系统科学的核心思想包括以下几个方面:整体大于部分之和;系统特性是不同组成部分、不同层次间相互作用而涌现的新性质;对组成部分或低层次的分析并不能真正地预测高层次的行为。如何通过研究和整合去发现和理解涌现的系统性质,是系统生物学面临的一个根本性的挑战。

系统生物学整合性的另一层含义是研究思路和方法的整合。经典的分子生物学研究是一种垂直型研究,即采用多种手段研究个别的基因和蛋白质。首先是在DNA水平上寻找特定的基因,然后通过基因突变、基因剔除等手段研究基因的功能,再在基因研究的基础上,研究蛋白质的空间结构、蛋白质的修饰以及蛋白质间的相互作用等。基因组学、蛋白质组学和其他各种组学研究则是水平型研究,即以单一的手段同时研究成千上万个基因或蛋白质。而系统生物学研究则是要把水平型研究和垂直型研究整合起来,使其成为一种"三维"的研究。此外,系统生物学研究还是典型的多学科交叉研究,它需要生命科学、信息科学、数学、计算机科学等各种学科的共同参与。

系统生物学是以各种组学信息为基础的,它与单独的基因组学、蛋白质组学、代谢组学等各种组学的不同之处在于,它是一种整合型大科学,它要把系统内不同性质的构成要素(基因、mRNA、蛋白质、生物小分子等)整合在一起进行研究。对于多细胞生物而言,系统生物学要实现从基因到细胞到组织到个体的各个层次的整合。首先,系统生物学研究的核心——基因组,是数字化的。由于系统生物学研究的核心是数字化的,因此,系统生物学可以被完全破译。其次,生命的数字化核心表现为两大类型的信息,第一类信息是编码蛋白质的基因,第二类信息是控制基因行为的调控网络。因为控制基因表达的转录因子结合位点是核苷酸序列,所以基因调控网络的信息从本质上说也是数字化的。再次,生物信息是有等级次序的,而且沿着不同的层次流动。一般说来,生物信息以这样的方向进行流动:DNA—mRNA—蛋白质—蛋白质相互作用网络—细胞—器官—个体—群体。每个层次的信息都对理解生命系统的运行提供有用的视角[6-8]。因此,系统生物学的重要任务就是要尽可能地获得每个层次的信息并将它们进行整合,一方面要了解生物系统的结构组成,另一方面要揭示系统的行为方式。

当前,系统生物学的应用已深入渗透到医学研究、药物研究等领域。例如传统中药领域,早期大多学者是用现代医学的一些指标(分子、细胞、组织、器官和整体等层次)来解释复方的疗效或机制,而整合化学物质组学的整体系统生物学将"症候—理法—复方—疗效"四者有机结合进行研究,不仅能够更完整、系统、深刻地揭示中医方剂的药效物质基础和作用机理,阐明中药复方的配伍规律,还可以指导中药复方新药的创制,从而能够更好地传承和发展中医药理论。此外,系统生物学的发展将要求个体化用药,对于某种药物来说,使用范围明显缩小,可为某种疾病中的小部分患者,甚至可能为某一患者设计某一药物,减少不必要的药物不良反应,提升药物靶向性和疗效。

当前卷烟的危害性评价主要集中在卷烟主流烟气有害物质的释放量、毒理学研究、心肺功能学研究等方面。根据中国疾病预防控制中心发布的统计数据,中国有超过3亿的烟民,多达半数的吸烟者最终将死于与烟草相关的疾病。据国家癌症中心统计,2014年全国恶性肿瘤新发病例数为380.4万例,肺癌位于全国发病率的首位,每年新发病例数约78.1万例,流行病学资料和大量动物实验已证明吸烟是导致肺癌的主要危险因素[9,10]。阐明卷烟烟气危害的系统生物学机制,并积极寻找相关的生物标志物是烟草与健康研究的重要课题,也具有现实的社会经济意义。烟气中粒相物约占 8%,其主要化学成分为脂肪烃(主要为烷烃,烯烃和炔烃含量比烷烃少)、芳香烃(以稠环芳烃居多,是烟气中的主要有害成分)、萜类化合物(烟气的重要香味成分)、羰基化合物(形成烟气香味、香气的重要成分)、酚类化合物(儿茶酚的含量最高,对呼吸道有刺激作用,并有一定的促癌作用)。烟气中气相物约占烟气总量的 92%,包括空气(约占 58%)、氮气(约占 15%)、碳氢化合物、氮氧化合物和一些生物活性物质等,还有其他化合物,如挥发性烃类(如挥发性芳香烃)、挥发性酯类(如甲酸甲酯)、呋喃类(如 2-甲基呋喃等)、挥发性腈类(如丙烯腈、乙腈等)、其他挥发性成分。烟气中有害物质对机体的危害受到极大的关注,但由于卷烟烟气成分的复杂性,研究其致机体损伤的作用方式和作用机制存在极大的困难。因此,需要通过系统生物学对生物进行整体的研究,在基因水平、蛋白质水平、代谢水平等实验结果的基础上寻找各种各样的联系,再把它们整合起来进行系统性研究。

1.2 系统生物学的研究方法

　　系统生物学的研究方法是通过不同层次的关联建立复杂系统,而不是简单系统的叠加。这个复杂系统会出现一些突现性行为、突现性规律,即会出现一个单独系统所不能反映的新行为。此外,系统生物学研究也会给出不同层次之间的某些贯穿特性,也就是从基因通过怎样的一层层联系才过渡到生物学功能,或者说怎样从基因过渡到表型。

　　系统生物学研究方法有组学实验和理论计算两大技术方法。组学实验方法就是应用各种组学技术检测系统内所有成分,并通过干扰实验获得参与生命活动过程的各种成分在各个层面的信息。理论计算方法就是通过数学、逻辑学和计算科学模拟的手段,对真实生物系统进行还原。将通过组学实验方法获得的各种生物信息转换为数字化信息,变成不同学科的共同语言,进行归纳和数学建模,建立生物系统的理论模型,提出若干假设,然后对构建的模型进行验证和修正,进行全面系统的干扰整合。通过对系统进行人为扰动,不断获得信息变化与功能改变之间的相互关系,进而不断调整假设的理论模型,使之更加符合真实的生物系统。采用组学实验和理论计算两大技术不断地进行研究,是系统生物学研究最基本的方法。

　　在生物学中,分子生物学的发展已经提供了很多数据。在基因组学的基础上发展了转录组、蛋白质组学、代谢组学、相互作用组学和表型组学等,系统生物学并不是具体地完善上述各个组学的研究内容,也不是将它们的研究内容简单地综合起来,而是从整体的角度把握这些数据,应用系统的观点对它们进行分析,以期得到更加客观、真实的信息。

1.2.1 系统生物学的组学技术平台

生物系统是一个复杂性极高的开放巨系统,它不可能像物理系统一样可以简单地采用方程组建模加以定量描述。基因组测序的进展,推动了一系列基因组水平的测试技术平台的发展,主要有基因组学、转录组学、蛋白质组学、代谢组学、相互作用组学和表型组学等,这些高通量的组学实验平台构成了系统生物学的大科学工程。

1. 基因组学

基因组学包括基因组测序、基于单核苷酸多态性的基因分型、表观基因组学等技术平台。基因组测序揭示了每一个生物体中所有的遗传密码,是系统生物学的基础和起点,因为基因组的序列决定了每一个生物体的基本性状,并与环境因子相互作用决定生物体的行为。基因分型的精度已达到单个核苷酸水平,2002 年美国国立卫生研究院牵头启动了单体型组学研究,系统测定不同人种的单核苷酸多态性[11],这个研究将有助于阐明疾病易感性和药物应答及其他性状、行为的个体差异,是实现预测医学和个性化医学的关键。

2. 转录组学

转录组学是在 mRNA 水平研究基因表达谱,为用 DNA 芯片测定 mRNA 的丰度提供了一个可在基因组水平上进行高通量、平行检测的工具。高密度的 DNA 芯片可在 1 cm² 上放置 2.5 万个寡核苷酸探针或 1 万个 cDNA 探针进行 mRNA 丰度测试。Affy-metrix 的基因芯片 Human Genome U133(一组两片)有 100 万个寡核苷酸探针,代表 3.3 万个人基因。Motorola Life Sciences 已推出人、大鼠、小鼠的基因芯片,每个芯片有 1 万个 cDNA 探针。已用 DNA 芯片测定了不同细胞、组织的基因表达谱,比较了疾病和正常组织的表达谱,以及细胞在不同分化、发育阶段和不同环境条件下的基因表达谱,所得结果不仅可用于新基因功能、信号传导系统与细胞和生物体对环境因子的应答等研究,而且可用于新药靶基因的鉴别和验证。

3. 蛋白质组学

蛋白质组学研究细胞和生物体的蛋白质分子的结构、时空分布和功能,可分为表达蛋白质组学、功能蛋白质组学和结构蛋白质组学三大分支。表达蛋白质组学是蛋白质水平的基因表达谱,早期最常用的是双向电泳-质谱系统,用双向电泳、蛋白质染色、质谱分别作为分离、检测和鉴别方法。但该系统鉴定蛋白质的效率不高,而且用于低丰度蛋白质和膜蛋白的分析有一定困难,一般仅能检测 2000~3000 个蛋白质。近年来发展的二维色谱-质谱、蛋白质芯片-质谱系统进一步扩展和提高了蛋白质组研究的范围和能力。表达蛋白组已用于特定生理和病理状态下蛋白质标记分子的发现和鉴别,这些蛋白质标记分子可用于药物发现、临床诊断和预警及疾病的监控。

功能蛋白质组学研究难度较大,涉及蛋白质的翻译后加工和转运、亚细胞定位、蛋白质的构象和相互作用等。目前已可用基于蛋白质活性的免疫探针和化学探针检测和富集活性蛋白质,如用免疫探针或化学探针富集磷酸化蛋白质、用化学探针标记蛋白质组中 6 类机制各异的蛋白酶超家族、用化学探针监控蛋白质组中酶的活性、用酶活性中心专一的化学探针筛选酶的抑制剂等。用绿色荧光蛋白标记的蛋白质组研究蛋白质的亚细胞定位也已广泛应用。

结构蛋白质组学,亦称结构基因组学,主要研究高通量测定蛋白质的高级结构。除了高通量的基因表达和蛋白质纯化技术平台外,高通量的 X 射线蛋白质晶体结构测定和高通量的核磁共振(NMR)蛋白质溶液结构测定是结构蛋白质组学的关键技术平台,尽管目前通量还不大,但已取得较大进展。

蛋白质组学研究有其特殊重要性,因为生物体的功能、表型和行为主要是由蛋白质及其相互作用决定和执行的。由于蛋白质结构和功能的多样性,蛋白质组学不可能像基因测序和转录组学有一个通用技术平台,目前蛋白质组学的技术平台还远不能满足研究需要,这一方面将会有较大发展。

4. 代谢组学

代谢组学是继基因组学、转录组学、蛋白质组学后系统生物学的另一重要研究内容。代谢组学的概念最早来源于代谢轮廓分析(metabolic profiling)[12]。Nicholson 研究小组于 1999 年提出了代谢组学(metabonomics)的概念,它是研究生物系统受外部刺激所产生的所有代谢产物变化的方法,所关注的是代谢循环中相对分子质量在 1000 以下的小分子代谢物的变化,反映的是外界刺激或是遗传修饰下细胞或组织的代谢应答变化[13]。该研究小组也在疾病诊断、药物筛选等方面做了大量的卓有成效的工作。Fiehn 研究小组最早提出了 metabolomics 的概念[14],第一次把植物代谢产物和基因的功能联系起来,之后很多植物化学家开展了植物代谢组学的研究,使得代谢组学得到了极大的充实,同时也形成了当前代谢组学的两大主流领域:metabolomics 和 metabonomics。经过不断发展,Fiehn,Allen,Nielsen 和 Villas-Boas 等明确了代谢组学一些相关层次的定义,这些定义被学术界广泛接受[15-18]。第一个层次为靶标分析(target analysis),目标是定量分析一种靶蛋白的底物和/或产物;第二个层次为代谢轮廓分析(metabolic profiling),采用针对性的分析技术,对特定代谢过程中的结构或性质相关的预设代谢物系列进行定量测定;第三个层次为代谢指纹(metabolic fingerprinting),定性并半定量分析细胞外/细胞内全部代谢物;第四个层次为代谢组学,定量分析一个生物系统的全部代谢物。

5. 表型组学

目前,表型组学研究主要是细胞水平的研究,因为细胞作为生命活动的基本单元,具有活生物体的主要性状,如信号传导、时空组织、繁殖、体内平衡、对环境变化的应答和适应等,而且可用细胞进行高通量全基因组水平的研究。

表型组学研究的主要技术平台是细胞芯片和组织芯片。细胞芯片是在全基因组水平对每个基因进行各种基因操作,包括基因敲除、基因导入、基因抑制和基因激活,构建相应的细胞株,并植入细胞芯片进行高通量的表型研究。组织芯片主要用于高通量的药理、毒理、病理研究。表型组学是系统生物学组学平台的终端,从基因组学、转录组学、蛋白质组学、代谢组学、相互作用组学到表型组学,完成了由基因组序列到基本生命活动的全过程,已对大肠杆菌和酵母菌的糖代谢进行了从基因组到表型组的系统研究。细胞芯片也在新药和药物靶标的发现、新药评价等方面得到愈来愈多的应用,使新药研发从高通量过程逐步演变为高内涵过程。

1.2.2　计算生物学

阐明和定量预测复杂的生物系统需要实验研究和计算研究的整合。计算生物学通过建模和理论探索,为提出科学问题提供了强有力的基础。生物系统是一个复杂系统,但与其他的复杂系统又有本质差别。其他复杂系统是由大量的简单元件相互作用而产生复杂的功能和行为,而生物系统则是由大量的功能各异且常常又是多功能的元件在选择性和非线性的相互作用下产生复杂且相干的功能和行为,对计算科学是一个新的挑战。

计算生物学可分为知识发现和基于模拟的分析两个分支。知识发现也称为数据开采,是从系统生物学各实验平台产生的大量数据和信息中抽取隐含在其内的规律并形成假说。基于模拟的分析是用计算机验证所形成的假说,并对拟进行的体内、体外生物学实验进行预测。知识发现已在生物信息学中广泛应用,如根据核苷酸序列预测内含子、外显子、所编码蛋白质的立体结构,由基因表达谱推导基因调控网络等。这些研究主要基于启发式的、有统计学差异的分析方法。而基于模拟的分析致力于系统动力学的预测,大量高通量平台的定量数据的产生和积累为基于模拟的研究提供了坚实的基础。计算机建模和分析已提供了有用的生物学提示和预测,如细胞周期的分叉分析、代谢分析、生物振荡回路稳态的比较研究等。药物研发也是计算生物学的一个应用热点,虚拟筛选和药物分子设计,以及药物吸收、分布、代谢、排泄和毒性研究的计算机建模已成为新药研发的重要工具。

1.3   基于系统生物学的卷烟危害性评价方法

卷烟作为一种特殊的生活嗜好品,品类繁多,可分为传统卷烟(粗支、中支、细支)、加热不燃烧卷烟、电子烟等。各卷烟工业企业会通过降低焦油含量、滤嘴加入活性炭、烟丝加入烟用添加剂等方式控制卷烟危害性物质的释放。如何评价不同卷烟的危害性是亟须解决的问题。

在中药药理评价领域,清华大学罗国安等[19]提出采用化学物质组学研究中药复方药材配伍和组分配伍过程中的药效物质的变化和移行规律,从物质基础上阐释配伍合理性,采用整合化学物质组学的整体系统生物学,并与整体动物、器官组织、细胞、亚细胞及分子水平的药理研究相结合,研究中药复方配伍过程伴随药效物质变化所对应的药效和生物效应的变化,证实复方配伍在增效减毒方面的优势,全面系统揭示中药复方的作用机理,探索建立包括系统生物学指标在内的中药药理。中药药效评价体系总体技术路线如图 1-1 所示。

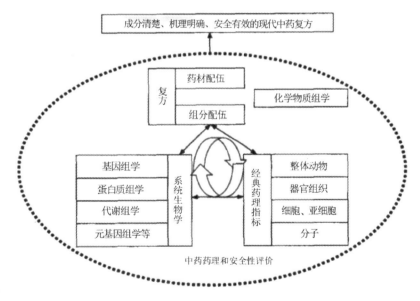

图 1-1   中药药效评价体系总体技术路线

基于此,卷烟危害性评价可参考基于整体系统生物学的重要药理评价方法,通过建立合适的烟气暴露动物模型,在完成基因组学、蛋白质组学、代谢组学三大组学研究的同时,与人体器官组织、细胞、亚细胞及分子水平的研究相结合,从整体系统生物学的角度开展心肺功能学、毒理学、免疫学研究,探索卷烟对人体危害性的系统生物学机制。本书后续章节将结合实际卷烟危害性评价工作对这些相关研究内容做具体阐述。

参 考 文 献

[1] 杨胜利. 系统生物学研究进展[J]. 中国科学院院刊,2004,19(1):31-34.

[2] Carney S L. Leroy Hood expounds the principles,practice and future of systems biology[J]. Drug Discovery Today,2003,8(10):436-438.

[3] Hood L. Systems biology:New opportunities arising from genomics,proteomics and beyond[J]. Experimental Hematology,1998,26(8):681.

[4] Ideker T,Galitski T,Hood L. A new approach to decoding life:Systems biology [J]. Annual Review of Genomics and Human Genetics,2001,2(1):343-372.

[5] Noble D. Modeling the heart—From genes to cells to the whole organ[J]. Science,2002,295(5560):1678-1682.

[6] Arbeitman M N,Furlong E E M,Imam F,et al. Gene expression during the life cycle of *Drosophila melanogaster*[J]. Science,2002,297(5590):2270-2275.

[7] Kitano H. Systems biology:A brief overview[J]. Science,2002,295(5560):1662-1664.

[8] 杨胜利. 21 世纪的生物学——系统生物学[J]. 生命科学仪器,2004,2(2):5-6.

[9] Lee Y M. Chronic obstructive pulmonary disease:Respiratory review of 2014 [J]. Tuberculosis and Respiratory Diseases,2014,77(4):155-160.

[10] Wewers M E,Munzer A,Ewart G. Tackling a root cause of chronic lung disease:The ATS,FDA,and tobacco control[J]. Am. J. Respir. Crit. Care Med. ,2010,181(12):1281-1282.

[11] 沈树泉,管又飞. 系统生物学——从生物分子到机体反应过程[J]. 生理科学进展,2004,35(3):281-288.

[12] Horning M G,Murakami S,Horning E C. Analyses of phospholipids,ceramides,and cerebrosides by gas chromatography and gas chromatography-mass spectrometry[J]. The American Journal of Clinical Nutrition,1971,24(9):1086-1096.

[13] Nicholson J K,Lindon J C,Holmes E. 'Metabonomics':Understanding the metabolic responses of living systems to pathophysiological stimuli via multivariate statistical analysis of biological NMR spectroscopic data[J]. Xenobiotica,1999,29(11):1181-1189.

[14] Fiehn O,Kopka J,Dormann P,et al. Metabolite profiling for plant functional

genomics[J]. Nature Biotechnology,2000,18(11):1157-1161.

[15]　Fiehn O. Metabolomics—The link between genotypes and phenotypes[J]. Plant Molecular Biology,2002,48(1-2):155-171.

[16]　Allen J,Davey H M,Broadhurst D,et al. High-throughput classification of yeast mutants for functional genomics using metabolic footprinting[J]. Nature Biotechnology,2003,21(6):692-696.

[17]　Nielsen J,Oliver S. The next wave in metabolome analysis[J]. Trends in Biotechnology,2005,23(11):544-546.

[18]　Villas-Boas S G,Mas S,Akesson M,et al. Mass spectrometry in metabolome analysis[J]. Mass Spectrometry Reviews,2005,24(5):613-646.

[19]　罗国安,梁琼麟,张荣利,等.化学物质组学与中药方剂研究——兼析清开灵复方物质基础研究[J].世界科学技术-中医药现代化,2006,8(1):6-15.

第 2 章
系统生物学实验方法

　　系统生物学与经典生物学的最大区别在于,经典生物学分别对基因和蛋白质等进行观察和研究,而系统生物学则观察所有或大部分组成成分及它们之间的相互作用和影响。本书结合本研究团队在卷烟危害性评价方面的工作经验,介绍了运用系统生物学的理论,以NS(no smoking)组为对照组,1 号卷烟组、2 号卷烟组为样品组,开展烟气暴露动物模型建立、基因组学、蛋白质组学、代谢组学、免疫学、毒理学和功能学等研究的思路和方法。通过将系统生物学与整体动物、器官组织、细胞、亚细胞等多层次的毒理学研究的信息结合,探究卷烟烟气对心、肺功能损伤的机制,筛选表征烟气所致心、肺功能损伤的潜在生物标志物,分析不同配方或不同规格的卷烟的危害性差异。

2.1　研究方案设计

　　根据基于系统生物学的卷烟危害性评价需要,共建立了 3 个烟气暴露动物模型,其中慢性长期烟气暴露的大鼠模型主要用于烟气成分暴露评估、系统毒理学评价、心血管和肺功能学评价、基因组学、蛋白质组学、代谢组学(长期)及相关生物标志物的研究;急性烟气暴露的大鼠模型主要用于短期代谢组学及相关生物标志物的研究;急性烟气暴露的小鼠模型主要用于免疫学的研究。另外,通过对人气道上皮细胞系 HBE 进行培养,开展 SUMO1和 SUMO2/3 蛋白量检测、SUMO1 修饰蛋白的定量分析、亚细胞定位、与氧化应激相关蛋白的筛选及验证等蛋白 SUMO 化修饰相关研究。研究方案设计如图 2-1 所示。

2.2　系统生物学研究方案

2.2.1　大鼠慢性烟气暴露模型研究方案

　　大鼠慢性烟气暴露模型主要用于烟气成分暴露评估、系统毒理学评价、心血管和肺功能学评价、基因组学、蛋白质组学、代谢组学(长期)及相关生物标志物的研究。

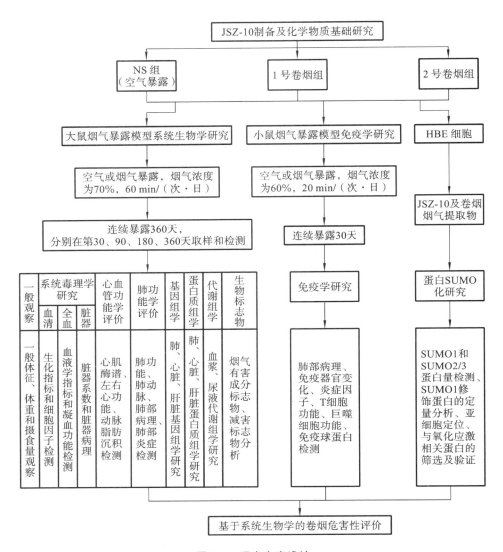

图 2-1　研究方案设计

2.2.1.1　大鼠慢性长期烟气暴露模型

　　动物经 7 天检疫后,按照体重随机分为 NS 组、1 号卷烟组、2 号卷烟组,由于动物数量较多并且烟气暴露周期长,如果选择雌雄各半,将极大地增加笼位和工作量,另外,考虑到国内吸烟人群以男性为主,所以仅选用雄性大鼠进行研究。

　　将动物置于 HRH-WBE3986 型动物全身烟气暴露系统的腔体内,按照 60 min/(次·日)进行动态主流烟气暴露,腔体内烟气浓度控制在 990～1210 mg/m³。NS 组动物不暴露,1

号卷烟组动物采用 1 号卷烟进行主流烟气暴露,2 号卷烟组动物采用 2 号卷烟进行主流烟气暴露。

2.2.1.2　大鼠慢性长期烟气暴露实验方案

大鼠经连续烟气暴露 12 个月,在烟气暴露 30 天、90 天、180 天和 360 天时取样开展相关研究。

(1)现场观察大鼠的一般体征,记录体重和摄食量。

(2)取大鼠全血,开展血液学检查及凝血功能、免疫细胞评价。

(3)取大鼠血清,开展血清生化指标检测及血清细胞因子、电解质检测,评价心肌酶谱指标,开展血清代谢组学研究。

(4)取大鼠尿液,进行尿液代谢组学研究。

(5)取大鼠活体,开展肺功能、左心功能和右心功能评价,检测肺动脉压力、血流量、阻力和氧分压等指标。

(6)取大鼠解剖后的组织样本,开展肺动脉和肺组织病理学检查、肺泡灌洗液炎症细胞计数分类、左心室和右心室肥厚指数检测、冠状动脉和腹主动脉组织病理学以及其他组织病理学检查,开展心、肝、肺基因组学和蛋白质组学研究。

2.2.1.3　大鼠慢性长期烟气暴露实验检测方法及指标

1. 烟气暴露对大鼠一般状态的影响

(1)一般体征观察。

对动物外观体征、行为活动、皮肤、呼吸、口、鼻、眼、局部刺激性、腺体分泌、粪尿性状等进行观察。实验期间观察一般在每次烟气暴露前和暴露后进行,观察出现症状的种类、程度、产生及恢复时间、出现频率。

(2)体重测定。

全部大鼠均在首次烟气暴露前称体重,开始烟气暴露后每周称重 1 次。此外,对濒死和死亡大鼠测定体重。

(3)摄食量测定。

全部大鼠均在首次烟气暴露前测定摄食量,开始烟气暴露后每周测定 1 次摄食量。

2. 烟气暴露对大鼠血液学指标和凝血功能的影响

(1)检查时间:在烟气暴露 30 天、90 天、180 天、360 天时进行检查。

(2)样本采集方法:采血前禁食不禁水 12 小时,腹腔注射 50 mg/kg 戊巴比妥钠麻醉,从腹主动脉采血,盛于 EDTA-K2 真空抗凝管;凝血功能检测样本盛于 3.8% 柠檬酸钠真空

抗凝管，2500 r/min 离心处理 15 min 分离血浆。

（3）测定项目：红细胞计数、白细胞计数、血红蛋白、血小板计数、红细胞分布宽度、红细胞压积、平均红细胞体积、平均红细胞血红蛋白含量、平均红细胞血红蛋白浓度、平均血小板体积、中性粒细胞百分数、淋巴细胞百分数、单核细胞百分数、嗜酸性粒细胞百分数、嗜碱性粒细胞百分数、网织红细胞百分数、凝血酶原时间、凝血酶时间、纤维蛋白原、活化部分凝血活酶时间。

3. 烟气暴露对大鼠血清生化指标和电解质的影响

（1）检查时间：在烟气暴露 30 天、90 天、180 天、360 天时进行检查。

（2）样本采集方法：采血前禁食不禁水 12 小时，腹腔注射 50 mg/kg 戊巴比妥钠麻醉，从腹主动脉采血。血清生化指标和电解质检测样本盛于不含抗凝剂的真空管，2500 r/min 离心处理 15 min 分离血清。

（3）测定项目：

①生化指标：谷草转氨酶、谷丙转氨酶、碱性磷酸酶、肌酸激酶、尿素氮、肌酐、总蛋白、白蛋白、血糖、总胆红素、总胆固醇、甘油三酯等。

②电解质：钾离子浓度、钠离子浓度、氯离子浓度、钙离子浓度。

4. 烟气暴露对大鼠组织病理学的影响

（1）检查时间：在烟气暴露 30 天、90 天、180 天、360 天时进行检查。

（2）大鼠完成肺功能检测后，全面细致地检查各组织、脏器有无肉眼可见的病变。

（3）脏器重量及系数：剖检后摘出心、肝、脾、肺、肾、脑、肾上腺、胸腺、睾丸并称重，计算脏器系数（脏器重量/体重×100%）。

（4）组织病理学检查：取心、主动脉、肝、脾、肺、气管、肾、脑、肾上腺、胸腺、睾丸、淋巴结、骨髓，用 10%中性福尔马林缓冲液固定，采用常规方法制备组织病理切片，HE 染色，进行组织病理学分析。

5. 烟气暴露对大鼠左右心功能、肺功能、心肌酶谱的影响

（1）检查时间：在烟气暴露 30 天、90 天、180 天、360 天时进行检查。

（2）取部分血清，检测心肌酶谱，包含乳酸脱氢酶、谷草转氨酶、肌酸激酶、肌酸激酶同工酶、谷丙转氨酶。

6. 烟气暴露对大鼠肺、左右心室、冠状动脉和腹主动脉形态的影响

（1）检查时间：在烟气暴露 30 天、90 天、180 天、360 天时进行检查。

（2）取活体大鼠，开展大鼠肺、左右心室、冠状动脉和腹主动脉形态检查。

7. 烟气暴露对大鼠免疫功能的影响

（1）检查时间：在烟气暴露 30 天、90 天、180 天、360 天时进行检查。

（2）每次对动物进行处理时,用－80 ℃冰箱保存血清备用,进行血清细胞因子和淋巴细胞亚群等免疫学指标检测。

①采用 ELISA 法检测外周血 TNF-α、IL-6、IL-1β、补体 C3 和溶菌酶。每次剖杀大鼠时取血分离血清,分成两份冻存于－80 ℃冰箱备用(一份用于检测,另一份用于可能的复查)。采用 ELISA 法按说明书检测外周血细胞因子 TNF-α、IL-6、IL-1β、补体 C3 和溶菌酶。

②采用流式细胞仪检测淋巴细胞亚群。取抗凝血 50 μL,加入 1.5 mL 离心管底部,加入荧光标记的 CD3、CD4、CD8 单抗混合液(各种单抗可先等体积混合后再加入血样中,也可以依次加入血样中再混匀),单抗用量参照说明书。经孵育、溶血与洗涤后,加入 1 mL PBS 溶液重悬细胞,并将重悬液移入流式细胞管,用流式细胞仪检测外周血淋巴细胞的 $CD4^+$、$CD8^+$ 及 $CD4^+/CD8^+$。

8. 代谢组学研究

（1）尿液采集:暴露后第 30 天、90 天、180 天、360 天分别于代谢笼中收集 24 h 尿液,用－80 ℃冰箱保存备用。

（2）血清采集:每次宰杀动物时,留取部分血清,用－80 ℃冰箱保存备用。

（3）以上述尿液和血清样本,开展代谢组学相关研究。

9. 生物标志物研究

（1）尿液采集:暴露后第 30 天、90 天、180 天、360 天分别于代谢笼中收集 24 h 尿液,－80 ℃冰箱保存备用。

（2）血清采集:每次宰杀动物时,留取部分血清,用－80 ℃冰箱保存备用。

（3）以上述尿液和血清样本,开展生物标志物研究。

10. 基因组学和蛋白质组学研究

烟气暴露 30 天、90 天、180 天、360 天的大鼠,在进行组织病理学取材时,分离大鼠的心、肝和肺组织,用预冷的 PBS 溶液清洗后,存放到液氮预冷的螺口离心管中,迅速投入液氮中冷冻 5 min 以上,再转移至－80 ℃冰箱保存备用。

（1）大鼠心、肝和肺组织基因组学和蛋白质组学分析。

采集大鼠心、肝、肺组织(每组每一时间段 3 只大鼠的样本),进行与肿瘤、免疫和炎症相关的基因组学和蛋白质组学检测。

（2）采用 RT-PCR 技术检测心、肝和肺组织基因表达。

根据上述基因组学和蛋白质组学的实验结果,确定检测项目。

操作按照荧光定量试剂盒进行。将 cDNA 用实时荧光定量 PCR 仪进行扩增,反应操作在冰上进行,配制扩增液,并设置阴性对照组。

溶解曲线:从 55 ℃开始,每 30 s 升高 0.5 ℃,直到 95 ℃,循环一次。

（3）检测心、肝和肺组织中的蛋白表达水平。

根据上述基因组学和蛋白质组学的实验结果，结合 RT-PCR 检测结果，确定检测项目，完成关键蛋白的 western blotting 检测。

基因组学：从不同烟气暴露模型大鼠的肺、肝和心样本提取组织 RNA 合成标记的 cDNA 探针，与相应基因芯片杂交，获取 4 个不同时间点共同表达的基因图谱和共同表达基因图谱中表达水平的差异，心、肝和肺分别选取至少 5 个与组织病理学动态变化相关的基因，利用 RT-PCR 技术进行验证。

蛋白质组学：不同烟气暴露模型大鼠的肺、肝和心样本采用芯片技术进行处理后，使用质谱检测，所得的质谱数据采用生物信息学软件进行分析，从差异性表达的蛋白质（高表达或低表达）中挑选 3～5 个潜在的与炎性反应、心血管相关的标志物，使用相应的工具在生物数据库中对蛋白质进行鉴定，并探寻组织病理学动态变化和肺功能与相关候选生物标志物间的关系。

最后将蛋白质组学、基因组学和代谢组学的数据整合在一起，为卷烟危害性评价提供数据支撑。

2.2.2　大鼠急性烟气暴露模型研究方案

急性烟气暴露的大鼠模型主要用于短期代谢组学及相关生物标志物的研究。

2.2.2.1　大鼠急性烟气暴露模型

将 90 只大鼠分成 3 组——NS 组、1 号卷烟组和 2 号卷烟组，每组 30 只，每组再分成 3 个小组，每个小组 10 只，分别烟气暴露 7 天、14 天和 30 天。每只大鼠每天分别暴露 20 min，控制温度为 (22 ± 2) ℃，湿度为 20.5%～21.5%，氧气浓度为 20.5%～21.5%，压力为 $(101\,325\pm40)$ Pa。

在烟气暴露 7 天、14 天及 30 天时，给大鼠称重，在代谢笼中收集大鼠 24 h 尿液，经麻醉后在大鼠肝门静脉处取血 6～8 mL，同时收集大鼠肺组织。将大鼠静脉取血放入经肝素钠处理过的 10 mL 离心管中，迅速在 3000 r/min 下离心 10 min，取上层血浆。大鼠肺组织用生理盐水洗净并用滤纸吸干水分，将所得各生物样品在 −80 ℃下保存。

2.2.2.2　大鼠急性烟气暴露实验方案

（1）考察吸烟对大鼠体重的影响。

（2）取冻融后的生物样本（血浆、尿液、肺组织），采用液质联用法开展烟气暴露大鼠血浆、尿液、肺组织的代谢轮廓谱分析。

（3）根据代谢轮廓谱分析结果，对烟气暴露大鼠体内重要生物标志物进行鉴定分析。

（4）比较重要生物标志物在各组大鼠中的含量变化。

（5）对异常肺组织样品进行分析，对异常肺组织中的重要生物标志物进行鉴定。

2.2.2.3　大鼠急性烟气暴露实验检测方法及指标

1. 烟气暴露对大鼠体重的影响

称量大鼠体重，考察各组大鼠在烟气暴露 7 天、14 天和 30 天时体重的变化。

2. 生物样本前处理

（1）血浆及尿液样本。

取冻融后的生物样本（血浆、尿液）100 μL，加入 400 μL 甲醇，涡旋 1 min，充分混匀以沉淀蛋白，在 4 ℃下以 13 000 r/min 离心 15 min，取上清液并加入 300 μL 超纯水稀释，用 0.22 μm 滤膜过滤。

质量控制（QC）样本的制备：将烟气暴露 14 天的所有待测大鼠血浆样本取出等量部分混合均匀后，按样本处理方法处理；尿液 QC 样本的制备同血浆 QC 样本。

（2）肺组织样本。

取冻融后的肺组织样本，按 1∶3(g/mL)加入生理盐水进行匀浆。取 200 μL 匀浆液，加入 600 μL 甲醇，涡旋 2 min，在 4 ℃下以 10 000 r/min 离心 15 min，取上清液用 0.22 μm 滤膜过滤。

质量控制（QC）样本的制备：将烟气暴露 14 天的所有待测大鼠肺组织匀浆液取出等量部分混合均匀后，按样本处理方法处理。

3. 大鼠生物样本 UPLC/Q-TOF-MS 分析方法的建立及方法学考察

通过优化 UPLC/Q-TOF-MS 法的分析条件及采样模式，考察血样、尿样和肺组织样本在质谱正、负离子模式下的响应情况，尽可能检测到更多的离子。

4. 数据处理与模式识别

（1）色谱数据的提取和前处理。

采用 Waters 公司的 MarkerLynx 软件进行色谱峰自动识别和匹配，得到全谱数据的 loading 图。然后将所得数据导入 SIMCA-P 软件，先进行 mean-centering 以及 Pareto-scaling 处理，以减少大面积的色谱峰对分析带来的偏差，随后进行模式识别。两组间差异用 t 检验分析，$P < 0.05$ 表示有显著性差异。

（2）多元统计分析。

首先采用非监督的 PCA 方法观察检测样本的自然聚集、离散状态以及离群点。为

进一步区分烟气暴露组和对照组的组间差异,采用有监督的 PLS-DA 来判定造成这种聚集和离散的主要差异变量,根据变量权重值(variable importance in the projection,VIP)找到与烟气暴露损伤密切相关的差异代谢潜在生物标志物,并将由血样、尿样和肺组织样本代谢轮廓谱分析得到的生物标志物进行整合,运用神经模糊网络模型对标志物进行缩减,并用人工神经网络评价模型预测能力,确定烟气暴露不同时间(7 天、14 天和 30 天),与不同烟气暴露对大鼠内源性代谢物变化影响"因果效应"密切相关的关键生物标志物群。

(3)差异表达代谢物的鉴定。

根据得到的差异标志物的精确分子量,通过检索软件与公认的数据库(如 HMDB)对其进行鉴定,部分标志物可用标准品进行验证。

5. 烟气暴露大鼠血浆、尿液和肺组织的代谢轮廓谱变化分析

采用 PCA 和 PLS-DA 法对各组大鼠的血浆、尿液和肺组织样本的代谢轮廓谱数据按不同暴露时间分别进行模式识别,得到可以更好地区分各组情况的方法。

6. 潜在生物标志物的鉴定及分析

根据各组的区分结果,筛选各组中具有明显差异的化合物,应用相关软件对所筛查到的具有差异的代谢物进行分析,计算其可能的分子量,然后结合得到的质荷比,在数据库中检索结构信息,鉴定出重要差异标志物,比较大鼠血浆样本、肺组织样本和尿液样本中鉴定的生物标志物在 NS 组、1 号卷烟组、2 号卷烟组的相对含量变化。

2.2.3 小鼠急性烟气暴露模型研究方案

急性烟气暴露的小鼠模型主要用于免疫学研究。

2.2.3.1 小鼠急性烟气暴露模型

实验小鼠随机分组,将小鼠置于动物吸烟气体染毒仪中,在取得预实验数据的基础上,在小鼠染毒烟雾浓度为 20%、40%、60%、80%,分别吸烟 10 min/(次·日)、20 min/(次·日)、40 min/(次·日)的条件下,连续暴露 30 天后,采用烟气暴露小鼠肺部病理疾病活动指数(disease activity index,DAI)分数,评价小鼠出现的病理效应与肺脏器官局部免疫病理变化的关系,并探讨全身免疫系统和功能改变的关系。基于 DAI 评分,综合考虑实验条件与 DAI 分数,选择适合急性烟气暴露模型的吸烟浓度、暴露时间、天数等参数,并确定小鼠在何时产生明显的生物学效应。

2.2.3.2　小鼠急性烟气暴露实验方案

1. 小鼠吸烟模式与生物学效应的相关性探索

根据小鼠吸烟的烟雾浓度、吸烟次数、吸烟时间、持续天数等实验条件与产生的生物学效应间的关系,研究小鼠吸烟模式对小鼠体重、免疫器官、肺脏病理及局部免疫的影响。

2. 烟气暴露对小鼠免疫系统和功能的影响及作用机制

在取得预实验数据的基础上,选择最优的吸烟模式,开展吸烟对小鼠肺部区域性免疫、肺泡灌洗液中细胞量及细胞比例、肺脏组织细胞因子及诱导性一氧化氮合成酶的表达、肺脏免疫相关基因表达、巨噬细胞功能、获得性免疫功能的影响研究,并采用二代高通量测序的方法进行烟气染毒模型基因表达测序分析,以期进一步探究烟气暴露下小鼠基因表达的变化,进一步揭示小鼠炎症损伤的分子机制。

2.2.3.3　小鼠烟气暴露实验检测方法及指标

1. 小鼠体重及免疫器官重量系数测定

实验后用电子天平称量小鼠体重并处死小鼠,解剖取脾、胸腺,用分析天平称重,按下式计算免疫器官重量系数。

$$免疫器官重量系数 = 免疫器官重量/处死前体重 \times 100\%$$

2. 肺脏样本 HE 染色

切开小鼠胸腔取肺脏后,用生理盐水或者蒸馏水稍微冲洗干净,使用 4% 多聚甲醛灌洗并固定取出的肺脏,用由低浓度到高浓度的酒精作脱水剂,逐渐脱去组织块中的水分,再将组织块置于二甲苯中使其透明。将已透明的组织块置于已熔化的石蜡中,放入熔蜡箱保温,待石蜡完全浸入组织块后进行包埋。将包埋好的蜡块固定于切片机上,切成 5 μm 厚薄片,用二甲苯脱蜡后进行 HE 染色(hematoxylin:一种碱性染料,可将细胞核和细胞内核糖体染成蓝紫色,被碱性染料染色的结构具有嗜碱性。eosin:一种酸性染料,能将细胞质染成红色或淡红色,被酸性染料染色的结构具有嗜酸性)。将蜡块切片后贴片,用 0.01 mol/L PBS 溶液清洗 5 min×3 次后,用苏木素染色 3~5 min;分化;于碱水中返蓝 20 s;用伊红染色 10~20 s;脱水,透明,中性树胶封固;显微镜下镜检拍照。

3. 小鼠肺脏肺泡灌洗液的获取及 ELISA 检测

解剖颈部,暴露气管进行插管,将穿刺针插入气管上端,用 0.3 mL PBS 溶液冲洗 3 遍,

每遍冲洗 3～5 次即可。将回收的灌洗液在 4 ℃下以 1000 r/min 离心 10 min,离心后收集上清液,用 1 mL 含有 1%BSA 的 PBS 溶液重悬细胞沉淀,取 10 μL 重悬液进行 ELISA 检测。

在使用之前,所有的试剂盒组分都恢复到 18～26 ℃,试剂应通过轻轻涡旋、旋转混合均匀。取出已包被的反应板,并在记录表上标记好每个样本的位置。根据检测需要取出所需要的反应条,将未使用的反应条放回密封袋于 2～8 ℃保存。将 100 μL 待测样品加入包被好 IL-1、IL-6、TNF-α 抗体的孔板中,分别加入第一抗体工作液 200 μL,反应板充分混匀后在室温下放置 2 h,洗涤反应板 3 次,在吸水纸上控干;每孔加酶标抗体工作液 200 μL,室温下孵育 2 h,用洗涤液将反应板充分洗涤 3 次,在吸水纸上控干;每孔加底物工作液 100 μL,室温下反应 30 min;每孔加 50 μL 终止液混匀;30 min 内在 96 孔板微量分光光度仪上,在 490 nm 波长处测 OD 值,以 690 nm 波长矫正。

4. 小鼠血清中免疫球蛋白水平检测

将 100 μL 待测样品加入包被好 IgA、IgM、IgG 抗体的孔板中,分别加入第一抗体工作液 200 μL,反应板充分混匀后在室温下放置 2 h,洗涤反应板 3 次,在吸水纸上控干;每孔加酶标抗体工作液 200 μL,室温下孵育 2 h,用洗涤液将反应板充分洗涤 3 次,在吸水纸上控干;每孔加底物工作液 100 μL,室温下反应 30 min;每孔加 50 μL 终止液混匀;30 min 内在 96 孔板微量分光光度仪上,在 490 nm 波长处测 OD 值,以 690 nm 波长矫正。

5. 染色质免疫共沉淀实验

染色质免疫共沉淀(ChIP)是研究体内 DNA 与蛋白质相互作用的方法。它的基本原理是在活细胞状态下固定蛋白质-DNA 复合物,并将其随机切断为一定长度范围内的染色质小片段,然后通过免疫学方法沉淀此复合物,特异性地富集目的蛋白结合的 DNA 片段,通过对目的片段的纯化与检测,获得蛋白质与 DNA 相互作用的信息。ChIP 的一般流程为用甲醛处理细胞后收集细胞,超声破碎,加入目的蛋白的抗体,与靶蛋白-DNA 复合物相互结合,加入 Protein A,结合抗体-靶蛋白-DNA 复合物并沉淀,对沉淀下来的复合物进行清洗,得到富集的靶蛋白-DNA 复合物后解交联,纯化富集的 DNA 片段进行 PCR 分析。

6. 小鼠肺脏免疫相关基因表达

随机选取 10 min/(次·日)、20 min/(次·日)、40 min/(次·日)组各一小鼠的右侧肺叶,采用 mirVana™ miRNA Isolation Kit,根据生产厂商提供的标准操作流程进行样品的总 RNA 提取,所得总 RNA 经 Agilent Bioanalyzer 2100 电泳质检合格后备用。采用 Agilent 表达谱芯片配套的试剂盒,按照标准操作流程对样品中的 mRNA 分子进行荧光标记。按照 Agilent miRNA 芯片配套提供的标准操作流程和试剂盒,进行样品的杂交实验。在滚动杂交炉中,在 55 ℃下滚动杂交 20 h,杂交完成后在洗缸中洗片。芯片结果采用 Agilent Microarray Scanner 进行扫描,用 Feature Extraction Software 10.7 读取数据,最后采用 Gene Spring Software 11.0 进行归一化处理,使用 Illumina 高通量测序平台检测其基因表达差异,将测序结果进行对比,筛选 $\log_2$(counting number)>3 的结果进行分析。

7. 小鼠脾脏细胞的制备及细胞因子的诱导检测

使用磁珠分选法提取 CD3$^+$ T 细胞(H-2b),采用 ConA 刺激,在 5% CO_2 培养箱中孵育 48 h 后吸取上清液 100 μL,用于检测 IL-2、IFN-γ 的表达水平。加入 CCK8 试剂继续培养 24 h 后,检测 T 细胞的增殖情况。

8. 细胞增殖实验(CCK8 实验)

取上述细胞(2×10^6 个/mL)作为反应细胞,加入 96 孔平底细胞培养板中,每孔 100 μL,分 4 组进行实验:Ⅰ组(对照组);Ⅱ组(10 min/(次·日)组);Ⅲ组(20 min/(次·日)组);Ⅳ组(40 min/(次·日)组)。每组设 3 个复孔,分别加入 5 μg/mL ConA 或 1 μg/mL 抗 CD3mAb 刺激细胞,37 ℃下在 5% CO_2 培养箱中孵育 3 天。距终止时间的最后 2 h,每孔加入 10 μL CCK8 试剂,37 ℃下孵育 2 h 后于 450 nm 波长处测 OD 值。

9. 免疫器官中免疫细胞比例测定

将胸腺、脾脏或淋巴结置于含有 1 mL PBS 溶液的平皿中,研碎,过 200 目钢网,收集液体至 15 mL 离心管中,离心 10 min,弃上清液;加入 10 mL Tris-NH$_4$Cl,在室温下溶解红细胞约 10 min,离心 10 min,弃上清液;用 PBS 溶液洗涤一遍,加入 100 μL 流式 Buffer(PBS+2%BSA)重悬;每管加入 0.3 μL CD3-FITC、NK1.1-PerCP 流式抗体,轻轻混匀,避光孵育 15～30 min;用 PBS 溶液洗涤两遍,离心 10 min,弃上清液;每管加入 200 μL 流式 Buffer 重悬,立即上样检测。

10. BALF 中固有免疫细胞检测

将肺泡灌洗液收集至离心管中,离心 10 min,弃上清液;加入 10 mL Tris-NH$_4$Cl,在室温下溶解红细胞约 10 min,离心 10 min,弃上清液;用 PBS 溶液洗涤一遍,加入 100 μL 流式 Buffer 重悬;每管加入 0.3 μL CD11b-FITC、Ly6G-APC(或者 CD3-FITC、NK1.1-PerCP)流式抗体,轻轻混匀,避光孵育 15～30 min;用 PBS 溶液洗涤两遍,离心 10 min,弃上清液;每管加入 200 μL 流式 Buffer 重悬,立即上样检测。

11. 巨噬细胞表面分子检测

将从腹腔抽取的巨噬细胞收集至 15 mL 离心管中,离心 10 min,弃上清液;加入 10 mL Tris-NH$_4$Cl,在室温下溶解红细胞约 10 min,离心 10 min,弃上清液;用 PBS 溶液洗涤一遍,加入 500 μL 流式 Buffer 重悬;每管加入 0.3 μL CD40-FITC、CD80-PE、CD86-PerCP、Ia-APC 流式抗体,轻轻混匀,避光孵育 15～30 min;用 PBS 溶液洗涤两遍,离心 10 min,弃上清液;每管加入 200 μL 流式 Buffer 重悬,立即上样检测。

12. 巨噬细胞吞噬能力检测

将已铺板的巨噬细胞按 1 mg/mL 的浓度加入 FITC-Dextran,孵育 1 h;0.3% 胰酶消化,3 min 后终止消化,用 PBS 溶液冲洗细胞,收集冲洗液至 1 mL EP 管中,离心 5 min,弃上清液;用 PBS 溶液洗涤一遍,加入 100 μL 流式 Buffer 重悬,在流式细胞仪上进行检测。

13. q-PCR 检测

q-PCR 检测使用 RT-PCR 试剂盒在实时定量 PCR 仪上完成,mRNA 的相对定量使用 GAPDH 作为内参照。

14. 小鼠肺组织基因表达测序

步骤如下:使用 TRIZOL 提取各组小鼠肺组织总 RNA;用 Oligo(dT) 富集 mRNA;片段化 mRNA;反转录合成 cDNA;连接适配器;上机测序。

2.2.4　HBE 细胞烟气暴露模型研究方案

蛋白翻译后修饰是细胞响应细胞内外信号调节蛋白质功能的一种常用而快速的方法。SUMO 化修饰是一种可逆的翻译后修饰调控机制,由于其广泛存在于几乎所有的真核细胞中,在许多细胞功能(如基因表达、基因组稳定等)中起着关键作用,因此,其在翻译后修饰研究领域备受关注。本项目采用 HBE 细胞系,进行卷烟烟雾提取物(CSE)细胞染毒实验,提取细胞总蛋白,采用 western blotting 和 LC-MS/MS 技术研究不同样品组的 SUMO 修饰蛋白的差异表达谱。

2.2.4.1　HBE 细胞模型

体外培养人气道上皮细胞系 HBE,制作 CSE。建立 CSE 刺激的细胞学模型,选择合适的 CSE 浓度开展 SUMO 化修饰差异分析。

2.2.4.2　实验方法及指标

1. western blotting

1)肺组织中蛋白的提取
①从 −80 ℃ 冰箱中将右上肺组织取出,用锡纸包裹后置于研钵中。
②向研钵中加入少量液氮,用干净钵杵进行研磨,反复 2 次。

③将研磨成粉的肺组织倒入 EP 管中,并加入 500 μL RIPA 裂解液。

④冰上裂解 15 min,4 ℃,12 000 r/min 离心 5 min。

⑤取上清液 400 μL 至一新的 EP 管中,加入 5×SDS 蛋白上样缓冲液 100 μL,在沸水中水浴 5 min 变性,置于−80 ℃保存。

2)蛋白上样、电泳及转膜

(1) SDS-聚丙烯酰胺凝胶的制作。

①玻璃板用去污粉清洗干净,双蒸水冲洗两遍。

②将短板和长板用夹板夹好并固定,两玻璃板底部对齐,用 1%的琼脂糖凝胶将两玻璃板底部密封于胶垫上。

③配制 10%分离胶（两块胶）（见表 2-1）。

表 2-1　分离胶的配制

溶液成分	用量
双蒸水	5.84 mL
30%Acr/Bic(29∶1)	5 mL
1.5 mol/L Tris-HCl(pH 值为 8.8)	3.75 mL
10%SDS	150 μL
10%AP	75 μL
TEMED	7.5 μL

④分离胶配制好后,用吸管吸取分离胶沿着玻璃板边缘加入玻璃板的夹层中,加入的高度为距短板上沿 3.0 cm,加完之后迅速沿着玻璃板边缘加入异丙醇。

⑤待分离胶凝固后,将玻璃板倾斜以便异丙醇流出,用滤纸吸干残留的异丙醇。配制浓缩胶（两块胶）（见表 2-2）。

表 2-2　浓缩胶的配制

溶液成分	用量
双蒸水	3.4 mL
30%Acr/Bic(29∶1)	0.67 mL
0.5 mol/L Tris-HCl(pH 值为 8.8)	1.26 mL
10%SDS	50 μL
10%AP	25 μL
TEMED	5 μL

⑥用吸管将浓缩胶加入玻璃板夹层中,注意防止产生气泡。加至短板高度,插入 10 孔或 15 孔的电泳梳子。

（2）蛋白样本电泳。

①配制电泳缓冲液。

②将两块 SDS-聚丙烯酰胺凝胶固定在电泳夹板上,将电泳缓冲液加入两夹板内。将电泳液缓慢注入电泳槽内,然后将电泳夹板倾斜放入电泳槽内,防止夹板底部产生气泡。

③拔出电泳梳子,加入蛋白样本和蛋白 Marker。

④连接电源,使电压稳定在 80 V,电泳 30 min。

⑤待蛋白条带标记物红色带分开后,将电压调整为 120 V,直到目的条带散开,停止电泳。

（3）转膜。

①配制转膜缓冲液。

②根据目的蛋白的位置,剪下 PVDF 膜,使用圆珠笔标记,以区别正反。将 PVDF 膜放入甲醇中激活,PVDF 膜从白色变为灰色。

③倒掉电泳缓冲液,将凝胶取出,切掉除目的蛋白外的多余部分。在海绵上铺上滤纸,并放在转膜夹子黑色的一面,用转膜缓冲液充分浸润。将凝胶平铺在滤纸上。

④将 PVDF 膜紧贴在凝胶上,然后将提前用转膜缓冲液充分浸润的滤纸和海绵依次放在 PVDF 膜上。此操作在转膜缓冲液中进行,注意不能有气泡。

⑤将转膜夹子夹好,放入装有电泳缓冲液的电泳槽中,使转膜夹子的黑色面对电泳槽的黑色面,注意不能放反。

⑥将电泳槽放入冰盒中,防止电泳过程中温度过高,蛋白质分解。

⑦接通电源,使电流稳定在 200 mA,转膜 2 h。

3）抗原封闭及孵育抗体

（1）抗原封闭。

①配制蛋白封闭液。

②转膜完成后,将 PVDF 膜浸泡于 5‰TBST 中,洗去附着的转膜缓冲液。

③将 PVDF 膜放入蛋白封闭液中,放置于摇床上,室温下慢摇 1 h。

（2）孵育一抗。

①用一抗稀释液配制一抗工作液,稀释比例参考说明书。

②将 PVDF 膜从蛋白封闭液中取出,用 TBST 洗去附着的蛋白封闭液。将 PVDF 膜放入一抗工作液中,放置于摇床上,4 ℃下慢摇过夜。

③孵育完成后回收一抗工作液于 15 mL 离心管中,置于 4 ℃冰箱保存。

（3）洗膜。

①将 PVDF 膜从一抗工作液中取出,放置于盛有 5‰TBST 的洗膜盒中。

②将洗膜盒放于摇床上慢摇,每 10 min 更换一次 5‰TBST,洗涤 5 次。

（4）孵育二抗。

①用 5‰TBST 稀释配制二抗工作液，稀释比例为 1∶5000～1∶10 000。

②将 PVDF 膜放入二抗工作液中，放置于摇床上，室温下慢摇 1 h。

（5）洗膜。

①将 PVDF 膜从二抗工作液中取出，放置于盛有 5‰TBST 的洗膜盒中。

②将洗膜盒放于摇床上慢摇，每 10 min 更换一次 5‰TBST，洗涤 5 次。

4）胶片曝光

①配制 ECL 工作液，将 ECL A 液和 B 液等体积混匀置于 EP 管中。

②将 PVDF 膜从 5‰TBST 中取出，放于曝光夹中。

③将提前配制的 ECL 工作液淋浇在 PVDF 膜上，盖上透明塑料膜，用卫生纸擦掉多余的 ECL 工作液。

④将曝光夹置于暗室中，根据其发光强度压入数量不等的胶片。

⑤ 20 min 后取出胶片，置于显影液中，待显影后，将胶片置于自来水中冲洗。

⑥冲洗后将胶片置于定影液中 3 min。

⑦将胶片从定影液中取出，用自来水冲洗干净并晾干。

2. 细胞培养

将细胞实验中需要用到的器材置于高压灭菌锅中，121 ℃灭菌 30 min 后，取出置于 60 ℃干燥箱中过夜烘干，备用。完全培养基的配制方法如下：向 1640 培养基中加入 10% FBS 及 1%双抗，混合均匀后，置于 4 ℃冰箱中，备用。

3. 细胞复苏

将冻存于液氮罐中的细胞取出，置于 37 ℃温水中，使其迅速解冻。将解冻后的液体转移至 1.5 mL 无菌 EP 管中，1000 r/min 离心 5 min 后取出，弃去上清液，加入 1 mL 完全培养基，轻轻吹打混匀后，将其移入培养瓶中。向培养瓶中加入 3 mL 培养基，将其置于培养箱中过夜培养（37 ℃，5%CO$_2$），换液。

4. 细胞传代

待细胞覆盖培养瓶底 80%的面积后，对细胞进行传代处理：弃去瓶中培养基后，加入 2 mL PBS 轻轻摇晃清洗，弃去 PBS，加入 1 mL 胰酶，摇晃均匀，使胰酶平铺于瓶底。置于 37 ℃培养箱中，孵育 5 min 后，弃去胰酶，加入 2 mL 培养基，轻轻吹打，将瓶底的细胞吹下后收集，1000 r/min 离心 5 min，弃去上清液，加入 1 mL 培养基，轻轻将细胞吹散后，取部分细胞置于培养瓶中，加入 4 mL 培养基，继续置于培养箱中培养。

5. 细胞冻存

将细胞按照细胞传代步骤处理收集后，1000 r/min 离心 5 min，弃去上清液，加入 1 mL

提前配制好的细胞冻存液(血清：DMSO ＝ 9∶1),吹散混匀后置于冻存管中。将冻存管置于 4 ℃30 min 后,转移到－20 ℃,30 min 后再转移至－80 ℃冰箱中。过夜后,转移至液氮罐中长时间保存。

6. 蛋白质谱分析

利用 HPLC 分离、SUMO1 抗体亲和力富集、基于质谱的无标记定量蛋白质组学的综合方法,对人细胞系 SUMO1 修饰的整体动态变化进行定量分析。

7. CSE 准备

将卷烟连接到注射器驱动器上,注射器内填充 5 mL 无血清 RPMI 1640,点燃卷烟,平均每支卷烟燃烧时间为 6 min。将无血清 RPMI 1640 用 NaOH 将 pH 值调节到 6.8～7.2,然后用 0.22 μm 滤膜过滤并灭菌,得到的溶液被认为是 CSE 原液。将 CSE 原液用无血清 RPMI 1640 稀释到不同浓度的培养基中,在 30 min 内用于实验。

在 1 号卷烟、2 号卷烟短期和长期烟气暴露的动物模型中,对大鼠、小鼠采用系统毒理学、基因组学、蛋白质组学、免疫学和代谢组学的方法进行表征,探索烟气暴露危害的系统生物学机制。

第 3 章

基因组学研究

　　大量的流行病学调查结果显示,吸烟有害健康。烟草烟雾中含有多种有害物质,如尼古丁、多环芳烃、一氧化碳、氮氧化合物及醛类等,其中多种为致癌物,容易诱发呼吸系统、心血管及代谢等多种疾病。人体呼吸系统对烟气暴露最为敏感,烟草烟雾中的焦油沉积在肺部绒毛上,破坏绒毛的功能,使痰增加,支气管发生慢性病变,气管炎、肺气肿、肺心病等疾病便会产生[1]。烟草烟雾中含有的有害成分可通过肺脏进入循环系统,进而影响更多的组织器官。烟草烟雾中的一氧化碳会使血液中的氧气含量减少,造成相关疾病。吸烟会使冠状动脉收缩,使供血量减少,造成心肌梗死。吸烟也会使肾上腺素分泌增加,引起心跳加快、心脏负荷加重,影响血液循环,从而导致心脏病、中风等[2,3]。吸烟也是引发肝脏疾病的主要原因之一,包括肝炎、肝硬化及肝癌等。肝脏是外来化合物的主要代谢器官[4]。研究显示,吸烟者肝癌发生率高于非吸烟者[5]。因此,吸烟对人体健康的影响一直受到人们的关注[6,7]。吸烟对人体健康的影响是一个长期的过程,因此,需要关注烟气慢性暴露对呼吸系统、心血管及肝脏损伤的机理研究。

　　研究物种的基因表达是基因组学从结构基因组时代跨入功能基因组时代的重要转折点。基因芯片技术是近年来被广泛应用的可准确、快速、高通量研究基因表达的技术。本实验运用基因芯片技术研究烟气全身暴露 1、3、6、12 个月对雄性大鼠肺脏、心脏损伤的影响,从分子机制方面探讨长期吸烟或长期暴露于烟气中对肺脏、心脏的损伤,为卷烟危害机理研究提供实验数据。本章主要以肺脏和心脏基因组学研究为例,详细阐述具体研究方法和实验结果。

3.1　肺脏基因组学研究

3.1.1　材料与方法

3.1.1.1　芯片

Agilent Rat lncRNA 2018 版(design ID:085628),上海欧易生物医学科技有限公司。

3.1.1.2　检测样品

大鼠烟气暴露 1、3、6、12 个月肺脏组织,每组各 3 个。

3.1.1.3　实验方法

样品总 RNA 用 NanoDrop ND-2000 定量并用 Agilent Bioanalyzer 2100 检测完整性。检测合格后,将总 RNA 反转录成双链 cDNA,再进一步合成用 Cyanine-3-CTP(Cy3)标记的 cRNA。标记好的 cRNA 和芯片杂交,洗脱后用 Agilent Scanner G2505C 扫描得到原始图像。

3.1.1.4　数据分析

用 Feature Extraction Software 10.7.1.1 处理原始图像并提取原始数据,用 Gene Spring Software 13.1 进行标准化和后续处理。对标准化后的数据进行过滤,用于比较的每组样本中至少有一组 100% 标记为"P"的探针留下进行后续分析。筛选差异表达基因后,对差异表达基因进行 GO 和 KEGG 分析,以判定差异表达基因主要影响的生物学功能或者通路。对差异表达基因进行非监督层次聚类,利用热图的形式展示差异表达基因在不同样本间的表达模式。实验和数据分析流程如图 3-1 所示。

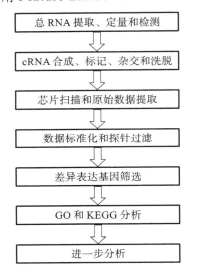

图 3-1　基因组学实验和数据分析流程

1. 差异表达基因筛选

在筛选差异表达基因之前,先进行探针过滤,用于比较的每组样本中至少有一组 100% 标记为"P"的探针留下进行后续分析。对于有生物学重复的分析,利用 t 检验得到的 P 值和标准化信号值的差异倍数变化值进行筛选,标准为差异倍数变化值≥2.0 且 $P<0.05$。对于没有生物学重复的分析,仅利用差异倍数变化值进行筛选,标准为差异倍数变化值≥2.0。

2. GO 分析

对差异表达基因进行 GO 分析,从而对这个基因的功能进行描述。GO 分析包括三大板块——生物学过程、细胞组分和分子功能,所以有三类结果。统计每个 GO 条目中所包括的差异表达基因个数,并用统计检验的方法计算每个 GO 条目中差异表达基因富集的显著性。计算的结果会返回一个表示富集显著性的 P 值,小的 P 值表示差异表达基因在该

GO 条目中出现了富集。可以根据 GO 分析的结果结合生物学意义挑选用于后续研究的基因。

3. KEGG 分析

利用 KEGG 数据库对差异表达基因进行分析,并且用统计检验的方法计算每个 pathway 条目中差异表达基因富集的显著性。计算的结果会返回一个表示富集显著性的 P 值,小的 P 值表示差异表达基因在该 pathway 条目中出现了富集。KEGG 分析对实验结果有提示的作用,通过差异表达基因的 KEGG 分析,可以找到富集差异表达基因的 pathway 条目,寻找不同样品的差异表达基因可能和哪些细胞通路的改变有关。

3.1.2　结果和讨论

3.1.2.1　差异表达基因筛选

烟气暴露 1 个月,1 号卷烟组与 NS 组筛选出差异表达 mRNA 72 条,其中上调表达 22 条,下调表达 50 条,筛选出差异表达 lncRNA 18 条,其中上调表达 4 条,下调表达 14 条;2 号卷烟组与 1 号卷烟组筛选出差异表达 mRNA 118 条,其中上调表达 32 条,下调表达 86 条,筛选出差异表达 lncRNA 63 条,其中上调表达 4 条,下调表达 59 条。

烟气暴露 3 个月,1 号卷烟组与 NS 组筛选出差异表达 mRNA 366 条,其中上调表达 307 条,下调表达 59 条,筛选出差异表达 lncRNA 39 条,其中上调表达 16 条,下调表达 23 条;2 号卷烟组与 1 号卷烟组筛选出差异表达 mRNA 88 条,其中上调表达 43 条,下调表达 45 条,筛选出差异表达 lncRNA 35 条,其中上调表达 24 条,下调表达 11 条。

烟气暴露 6 个月,1 号卷烟组与 NS 组筛选出差异表达 mRNA 331 条,其中上调表达 78 条,下调表达 253 条,筛选出差异表达 lncRNA 137 条,其中上调表达 11 条,下调表达 126 条;2 号卷烟组与 1 号卷烟组筛选出差异表达 mRNA 95 条,其中上调表达 66 条,下调表达 29 条,筛选出差异表达 lncRNA 34 条,其中上调表达 25 条,下调表达 9 条。

烟气暴露 12 个月,1 号卷烟组与 NS 组筛选出差异表达 mRNA 139 条,其中上调表达 114 条,下调表达 25 条,筛选出差异表达 lncRNA 37 条,其中上调表达 30 条,下调表达 7 条;2 号卷烟组与 1 号卷烟组筛选出差异表达 mRNA 400 条,其中上调表达 111 条,下调表达 289 条,筛选出差异表达 lncRNA 141 条,其中上调表达 14 条,下调表达 127 条。(见表 3-1)

表 3-1　烟气暴露对大鼠肺脏差异表达基因表达的影响

序号	脏器	烟气暴露时间	比较组1	比较组2	mRNA (regulated)/条			lncRNA (regulated)/条		
					Up	Down	Total	Up	Down	Total
1	肺脏	1个月	2号卷烟组	1号卷烟组	32	86	118	4	59	63
2			1号卷烟组	NS组	22	50	72	4	14	18
3		3个月	2号卷烟组	1号卷烟组	43	45	88	24	11	35
4			1号卷烟组	NS组	307	59	366	16	23	39
5		6个月	2号卷烟组	1号卷烟组	66	29	95	25	9	34
6			1号卷烟组	NS组	78	253	331	11	126	137
7		12个月	2号卷烟组	1号卷烟组	111	289	400	14	127	141
8			1号卷烟组	NS组	114	25	139	30	7	37

分别对 1 号卷烟组和 2 号卷烟组大鼠肺脏在不同烟气暴露时间涉及的共同差异表达基因进行筛选。

1 号卷烟组:涉及的共同上调差异表达基因有 CYP1A1(3、12)、Crym(6、12)、Mt1(6、12)、Slamf8(6、12)、Sorcs1(6、12)、Rnase9(6、12)、RGD1562699(6、12)、Hnrnph3(6、12);涉及的共同下调差异表达基因有 Ggact(1、3)、LOC102547495(1、6)、Timd4(1、6)、Cd163(6、12)。

2 号卷烟组:涉及的共同上调差异表达基因有 G2e3(1、12);涉及的共同下调差异表达基因有 LOC108351002(1、12)、LOC103692100(1、12)、Trpv3(1、12)。(见表 3-2)

表 3-2　不同烟气暴露时间肺脏共同差异表达基因筛选

序号	组别	Gene ID	Gene symbol	Regulation	Type	烟气暴露时间/个月
1	1号卷烟组	290500	Ggact	down	mRNA	1、3
2		102547495	LOC102547495	down	lncRNA	1、6
3		497891	Timd4	down	mRNA	1、6
4		24296	CYP1A1	up	mRNA	3、12
5		117024	Crym	up	mRNA	6、12
6		24567	Mt1	up	mRNA	6、12

续表

序号	组别	Gene ID	Gene symbol	Regulation	Type	烟气暴露时间/个月
7	1号卷烟组	289237	Slamf8	up	mRNA	6、12
8		312701	Cd163	down	mRNA	6、12
9		309533	Sorcs1	up	mRNA	6、12
10		364301	Rnase9	up	mRNA	6、12
11		291558	RGD1562699	up	mRNA	6、12
12		361838	Hnrnph3	up	mRNA	6、12
13	2号卷烟组	108351002	LOC108351002	down	lncRNA	1、12
14		103692100	LOC103692100	down	lncRNA	1、12
15		299002	G2e3	up	mRNA	1、12
16		497948	Trpv3	down	mRNA	1、12

3.1.2.2　差异表达基因 GO 分析

烟气暴露 1 个月，1 号卷烟组与 NS 组筛选出的差异表达基因主要涉及 18 个分子功能、8 个细胞组分和 53 个生物学过程，2 号卷烟组与 1 号卷烟组筛选出的差异表达基因主要涉及 35 个分子功能、19 个细胞组分和 114 个生物学过程。

烟气暴露 3 个月，1 号卷烟组与 NS 组筛选出的差异表达基因主要涉及 40 个分子功能、34 个细胞组分和 140 个生物学过程，2 号卷烟组与 1 号卷烟组筛选出的差异表达基因主要涉及 23 个分子功能、11 个细胞组分和 95 个生物学过程。

烟气暴露 6 个月，1 号卷烟组与 NS 组筛选出的差异表达基因主要涉及 19 个分子功能、15 个细胞组分和 70 个生物学过程，2 号卷烟组与 1 号卷烟组筛选出的差异表达基因主要涉及 24 个分子功能、22 个细胞组分和 91 个生物学过程。

烟气暴露 12 个月，1 号卷烟组与 NS 组筛选出的差异表达基因主要涉及 34 个分子功能、10 个细胞组分和 100 个生物学过程，2 号卷烟组与 1 号卷烟组筛选出的差异表达基因主要涉及 17 个分子功能、7 个细胞组分和 60 个生物学过程。（见表 3-3）

表 3-3　烟气暴露大鼠肺脏差异表达基因 GO 分析

序号	脏器	烟气暴露时间	比较组1	比较组2	分子功能/个	细胞组分/个	生物学过程/个
1	肺脏	1个月	2号卷烟组	1号卷烟组	35	19	114
2			1号卷烟组	NS组	18	8	53
3		3个月	2号卷烟组	1号卷烟组	23	11	95
4			1号卷烟组	NS组	40	34	140
5		6个月	2号卷烟组	1号卷烟组	24	22	91
6			1号卷烟组	NS组	19	15	70
7		12个月	2号卷烟组	1号卷烟组	17	7	60
8			1号卷烟组	NS组	34	10	100

分别对 1 号卷烟组和 2 号卷烟组大鼠肺脏在不同烟气暴露时间差异表达基因涉及的共同分子功能、细胞组分、生物学过程进行筛选。

1 号卷烟组：涉及的分子功能有 actin filament binding(3、6)、calcium ion binding(1、3)、carbohydrate binding(1、6)、chemokine activity(1、12)、CXCR chemokine receptor binding(1、12)、heme binding(3、12)、receptor activity(3、12)、structural constituent of muscle(1、3)；涉及的细胞组分有 cell(3、12)、extracellular region(1、3)、extracellular space(3、12)、perikaryon(3、6)、sarcoplasmic reticulum membrane(3、6)；涉及的生物学过程有 cartilage development(6、12)、cellular response to lipopolysaccharide(1、12)、chemokine-mediated signaling pathway(1、12)、estrous cycle(3、6)、glucose metabolic process(3、6)、immune response(1、3、12)、ion transmembrane transport(3、6)、leukocyte homeostasis(1、12)、negative regulation of cytosolic calcium ion concentration(3、6)、regulation of chemokine production(1、12)、regulation of membrane potential(3、6)、response to lithium ion(1、6)、response to pH(3、6)、response to steroid hormone(6、12)、response to testosterone(3、6)、response to wounding(3、12)、toxin metabolic process(3、12)、vitamin D metabolic process(1、12)(见表 3-4)。

2 号卷烟组：涉及的分子功能有 lipoprotein particle binding(1、3)、oxidoreductase activity, acting on the CH—OH group of donors, NAD or NADP as acceptor(1、3)；涉及的细胞组分有 extrinsic component of external side of plasma membrane(1、6)；涉及的生物学过程有 branched-chain amino acid catabolic process(1、3)、immunoglobulin secretion(1、6)、malate metabolic process(1、3)、positive regulation of B cell proliferation(1、6)、positive

regulation of germinal center formation（1、6）、signal transduction（3、6、12）、sulfur compound metabolic process(6、12)（见表 3-5）。

表 3-4　1 号卷烟组大鼠肺脏差异表达基因 GO 分析

序号	组别	脏器	类别	GO ID	GO name	烟气暴露时间/个月
1				GO：0051015	actin filament binding	3、6
2				GO：0005509	calcium ion binding	1、3
3			分子功能	GO：0030246	carbohydrate binding	1、6
4				GO：0008009	chemokine activity	1、12
5				GO：0045236	CXCR chemokine receptor binding	1、12
6				GO：0020037	heme binding	3、12
7				GO：0004872	receptor activity	3、12
8				GO：0008307	structural constituent of muscle	1、3
9				GO：0005623	cell	3、12
10				GO：0005576	extracellular region	1、3
11	1号卷烟组	肺脏	细胞组分	GO：0005615	extracellular space	3、12
12				GO：0043204	perikaryon	3、6
13				GO：0033017	sarcoplasmic reticulum membrane	3、6
14				GO：0051216	cartilage development	6、12
15				GO：0071222	cellular response to lipopolysaccharide	1、12
16				GO：0070098	chemokine-mediated signaling pathway	1、12
17				GO：0044849	estrous cycle	3、6
18			生物学过程	GO：0006006	glucose metabolic process	3、6
19				GO：0006955	immune response	1、3、12
20				GO：0034220	ion transmembrane transport	3、6
21				GO：0001776	leukocyte homeostasis	1、12
22				GO：0051481	negative regulation of cytosolic calcium ion concentration	3、6
23				GO：0032642	regulation of chemokine production	1、12
24				GO：0042391	regulation of membrane potential	3、6

序号	组别	脏器	类别	GO ID	GO name	烟气暴露时间/个月
25	1号卷烟组	肺脏	生物学过程	GO:0010226	response to lithium ion	1、6
26				GO:0009268	response to pH	3、6
27				GO:0048545	response to steroid hormone	6、12
28				GO:0033574	response to testosterone	3、6
29				GO:0009611	response to wounding	3、12
30				GO:0009404	toxin metabolic process	3、12
31				GO:0042359	vitamin D metabolic process	1、12

表 3-5　2 号卷烟组大鼠肺脏差异表达基因 GO 分析

序号	组别	脏器	类别	GO ID	GO name	烟气暴露时间/个月
1	2号卷烟组	肺脏	分子功能	GO:0071813	lipoprotein particle binding	1、3
2				GO:0016616	oxidoreductase activity，acting on the CH—OH group of donors，NAD or NADP as acceptor	1、3
3			细胞组分	GO:0031232	extrinsic component of external side of plasma membrane	1、6
4			生物学过程	GO:0009083	branched-chain amino acid catabolic process	1、3
5				GO:0048305	immunoglobulin secretion	1、6
6				GO:0006108	malate metabolic process	1、3
7				GO:0030890	positive regulation of B cell proliferation	1、6
8				GO:0002636	positive regulation of germinal center formation	1、6
9				GO:0007165	signal transduction	3、6、12
10				GO:0006790	sulfur compound metabolic process	6、12

3.1.2.3　差异表达基因 KEGG 分析

烟气暴露 1 个月,1 号卷烟组与 NS 组筛选出的差异表达基因主要涉及 5 个生物学通路,2 号卷烟组与 1 号卷烟组筛选出的差异表达基因主要涉及 4 个生物学通路。

烟气暴露 3 个月,1 号卷烟组与 NS 组筛选出的差异表达基因主要涉及 21 个生物学通路,2 号卷烟组与 1 号卷烟组筛选出的差异表达基因主要涉及 2 个生物学通路。

烟气暴露 6 个月,1 号卷烟组与 NS 组筛选出的差异表达基因主要涉及 13 个生物学通路,2 号卷烟组与 1 号卷烟组筛选出的差异表达基因主要涉及 25 个生物学通路。

烟气暴露 12 个月,1 号卷烟组与 NS 组筛选出的差异表达基因主要涉及 10 个生物学通路,2 号卷烟组与 1 号卷烟组筛选出的差异表达基因主要涉及 7 个生物学通路。(见表 3-6)

表 3-6　烟气暴露大鼠肺脏差异表达基因 KEGG 分析

序号	脏器	烟气暴露时间	比较组 1	比较组 2	KEGG pathway/个
1	肺脏	1 个月	2 号卷烟组	1 号卷烟组	4
2			1 号卷烟组	NS 组	5
3		3 个月	2 号卷烟组	1 号卷烟组	2
4			1 号卷烟组	NS 组	21
5		6 个月	2 号卷烟组	1 号卷烟组	25
6			1 号卷烟组	NS 组	13
7		12 个月	2 号卷烟组	1 号卷烟组	7
8			1 号卷烟组	NS 组	10

分别对 1 号卷烟组和 2 号卷烟组大鼠肺脏在不同烟气暴露时间差异表达基因涉及的共同生物学通路进行筛选。

1 号卷烟组:涉及的生物学通路有 calcium signaling pathway(3、6)、cAMP signaling pathway(3、6)、chemokine signaling pathway(1、12)、complement and coagulation cascades (3、12)、leukocyte transendothelial migration(1、3)、PPAR signaling pathway(3、6)、tight junction(1、3)、tryptophan metabolism(6、12)、type Ⅱ diabetes(3、6)。

2 号卷烟组:涉及的生物学通路有 JAK-STAT signaling pathway(6、12)、p53 signaling pathway(1、12)、protein digestion and absorption(1、3)。(见表 3-7)

表 3-7　烟气暴露大鼠肺脏差异表达基因共同涉及通路 KEGG 分析

序号	组别	Pathway name	烟气暴露时间/个月
1	1号卷烟组	calcium signaling pathway	3、6
2		cAMP signaling pathway	3、6
3		chemokine signaling pathway	1、12
4		complement and coagulation cascades	3、12
5		leukocyte transendothelial migration	1、3
6		PPAR signaling pathway	3、6
7		tight junction	1、3
8		tryptophan metabolism	6、12
9		type Ⅱ diabetes	3、6
10	2号卷烟组	JAK-STAT signaling pathway	6、12
11		p53 signaling pathway	1、12
12		protein digestion and absorption	1、3

3.2　心脏基因组学研究

3.2.1　材料与方法

实验方法同 3.1.1。检测样品为心脏组织。

3.2.2　结果和讨论

3.2.2.1　差异表达基因筛选

烟气暴露 1 个月,1 号卷烟组与 NS 组筛选出差异表达 mRNA 67 条,其中上调表达 43 条,下调表达 24 条,筛选出差异表达 lncRNA 19 条,其中上调表达 17 条,下调表达 2 条;2 号卷烟组与 1 号卷烟组筛选出差异表达 mRNA 183 条,其中上调表达 79 条,下调表达 104 条,筛选出差异表达 lncRNA 55 条,其中上调表达 6 条,下调表达 49 条。

烟气暴露 3 个月,1 号卷烟组与 NS 组筛选出差异表达 mRNA 118 条,其中上调表达 84 条,下调表达 34 条,筛选出差异表达 lncRNA 29 条,其中上调表达 18 条,下调表达 11 条;2 号卷烟组与 1 号卷烟组筛选出差异表达 mRNA 165 条,其中上调表达 101 条,下调表达 64 条,筛选出差异表达 lncRNA 63 条,其中上调表达 47 条,下调表达 16 条。

烟气暴露 6 个月,1 号卷烟组与 NS 组筛选出差异表达 mRNA 531 条,其中上调表达 105 条,下调表达 426 条,筛选出差异表达 lncRNA 183 条,其中上调表达 16 条,下调表达 167 条;2 号卷烟组与 1 号卷烟组筛选出差异表达 mRNA 31 条,其中上调表达 9 条,下调表达 22 条,筛选出差异表达 lncRNA 4 条,其中上调表达 1 条,下调表达 3 条。

烟气暴露 12 个月,1 号卷烟组与 NS 组筛选出差异表达 mRNA 455 条,其中上调表达 397 条,下调表达 58 条,筛选出差异表达 lncRNA 183 条,其中上调表达 171 条,下调表达 12 条;2 号卷烟组与 1 号卷烟组筛选出差异表达 mRNA 170 条,其中上调表达 44 条,下调表达 126 条,筛选出差异表达 lncRNA 29 条,其中上调表达 18 条,下调表达 11 条。(见表 3-8)

表 3-8　烟气暴露对大鼠心脏差异表达基因表达的影响

序号	脏器	烟气暴露时间	比较组 1	比较组 2	mRNA (regulated)/条			lncRNA (regulated)/条		
					Up	Down	Total	Up	Down	Total
1	心脏	1 个月	2 号卷烟组	1 号卷烟组	79	104	183	6	49	55
2			1 号卷烟组	NS 组	43	24	67	17	2	19
3		3 个月	2 号卷烟组	1 号卷烟组	101	64	165	47	16	63
4			1 号卷烟组	NS 组	84	34	118	18	11	29

续表

序号	脏器	烟气暴露时间	比较组1	比较组2	mRNA（regulated）/条			lncRNA（regulated）/条		
					Up	Down	Total	Up	Down	Total
5	心脏	6个月	2号卷烟组	1号卷烟组	9	22	31	1	3	4
6			1号卷烟组	NS组	105	426	531	16	167	183
7		12个月	2号卷烟组	1号卷烟组	44	126	170	18	11	29
8			1号卷烟组	NS组	397	58	455	171	12	183

分别对1号卷烟组和2号卷烟组大鼠心脏在不同烟气暴露时间涉及的共同差异表达基因进行筛选。

1号卷烟组：涉及的共同上调差异表达基因有 Prc1（1、6）、Nkain4（3、12）；涉及的共同下调差异表达基因有 LOC102553709（1、3）、LOC103694055（1、3）、Dntt（1、6）、Rnf224（1、6）、Ggt6（1、6）、Samt4（1、6）、Psd（1、6）、LOC103691442（1、6）、LOC103690791（1、6）、Sppl2b（1、6）、RGD1562726（1、6）、Gjc2（1、6）、Nol6（1、6）、Olr1617（1、6）、LOC102553884（1、6）、B3gat1（3、12）、Olr1697（3、6）、Zpld1（3、6）、LOC108352224（3、6）、LOC108349641（3、6）、Lce1l（6、12）、Gpm6a（6、12）、LOC103691888（6、12）、Ralyl（6、12）。

2号卷烟组：涉及的共同上调差异表达基因有 Fam64a（1、3）、Piezo2（1、3）；涉及的共同下调差异表达基因有 LOC100912209（1、3）、Neu2（3、6、12）。（见表3-9）

表3-9 不同烟气暴露时间心脏共同差异表达基因筛选

序号	组别	Gene ID	Gene symbol	Regulation	Type	烟气暴露时间/个月
1	1号卷烟组	102553709	LOC102553709	down	lncRNA	1、3
2		103694055	LOC103694055	down	lncRNA	1、3
3		294051	Dntt	down	mRNA	1、6
4		366004	Rnf224	down	mRNA	1、6
5		408206	Ggt6	down	mRNA	1、6
6		685774	Samt4	down	mRNA	1、6
7		171381	Psd	down	mRNA	1、6
8		103691442	LOC103691442	down	lncRNA	1、6
9		103690791	LOC103690791	down	lncRNA	1、6

序号	组别	Gene ID	Gene symbol	Regulation	Type	烟气暴露时间/个月
10	1号卷烟组	362828	Sppl2b	down	mRNA	1、6
11		308761	Prc1	up	mRNA	1、6
12		498060	RGD1562726	down	mRNA	1、6
13		497913	Gjc2	down	mRNA	1、6
14		313167	Nol6	down	mRNA	1、6
15		405128	Olr1617	down	mRNA	1、6
16		102553884	LOC102553884	down	lncRNA	1、6
17		296469	Nkain4	up	mRNA	3、12
18		117108	B3gat1	down	mRNA	3、12
19		406010	Olr1697	down	mRNA	3、6
20		363768	Zpld1	down	mRNA	3、6
21		108352224	LOC108352224	down	mRNA	3、6
22		108349641	LOC108349641	down	lncRNA	3、6
23		686125	Lce1l	down	mRNA	6、12
24		306439	Gpm6a	down	mRNA	6、12
25		103691888	LOC103691888	down	lncRNA	6、12
26		294883	Ralyl	down	mRNA	6、12
27	2号卷烟组	360559	Fam64a	up	mRNA	1、3
28		307380	Piezo2	up	mRNA	1、3
29		100912209	LOC100912209	down	lncRNA	1、3
30		29204	Neu2	down	mRNA	3、6、12

3.2.2.2　差异表达基因 GO 分析

　　烟气暴露 1 个月,1 号卷烟组与 NS 组筛选出的差异表达基因主要涉及 22 个分子功能、11 个细胞组分和 112 个生物学过程,2 号卷烟组与 1 号卷烟组筛选出的差异表达基因主要涉及 23 个分子功能、27 个细胞组分和 78 个生物学过程。

　　烟气暴露 3 个月,1 号卷烟组与 NS 组筛选出的差异表达基因主要涉及 40 个分子功能、29 个细胞组分和 122 个生物学过程,2 号卷烟组与 1 号卷烟组筛选出的差异表达基因

主要涉及 15 个分子功能、17 个细胞组分和 117 个生物学过程。

烟气暴露 6 个月,1 号卷烟组与 NS 组筛选出的差异表达基因主要涉及 21 个分子功能、25 个细胞组分和 116 个生物学过程,2 号卷烟组与 1 号卷烟组筛选出的差异表达基因主要涉及 16 个分子功能、11 个细胞组分和 56 个生物学过程。

烟气暴露 12 个月,1 号卷烟组与 NS 组筛选出的差异表达基因主要涉及 16 个分子功能、19 个细胞组分和 55 个生物学过程,2 号卷烟组与 1 号卷烟组筛选出的差异表达基因主要涉及 34 个分子功能、22 个细胞组分和 122 个生物学过程。(见表 3-10)

表 3-10　烟气暴露大鼠心脏差异表达基因 GO 分析

序号	脏器	烟气暴露时间	比较组 1	比较组 2	分子功能/个	细胞组分/个	生物学过程/个
1	心脏	1 个月	2 号卷烟组	1 号卷烟组	23	27	78
2			1 号卷烟组	NS 组	22	11	112
3		3 个月	2 号卷烟组	1 号卷烟组	15	17	117
4			1 号卷烟组	NS 组	40	29	122
5		6 个月	2 号卷烟组	1 号卷烟组	16	11	56
6			1 号卷烟组	NS 组	21	25	116
7		12 个月	2 号卷烟组	1 号卷烟组	34	22	122
8			1 号卷烟组	NS 组	16	19	55

分别对 1 号卷烟组和 2 号卷烟组大鼠心脏在不同烟气暴露时间差异表达基因涉及的共同分子功能、细胞组分、生物学过程进行筛选。

1 号卷烟组:涉及的分子功能有 demethylase activity(1、3、12)、kinesin binding(3、6)、metalloendopeptidase activity(1、6)、oxidoreductase activity(3、6)、PDZ domain binding(6、12)、phosphotyrosine binding(1、6);涉及的细胞组分有 central element(3、6)、chromocenter(6、12)、ciliary tip(3、6)、integral component of membrane(6、12)、myosin filament(3、12)、perikaryon(1、3、12)、postsynapse(6、12)、postsynaptic density(3、6、12)、presynaptic membrane(3、12)、synapse(1、3、6);涉及的生物学过程有 9-cis-retinoic acid biosynthetic process(1、3)、amine metabolic process(1、3)、chemical synaptic transmission(6、12)、coumarin metabolic process(1、3)、dibenzo-p-dioxin metabolic process(1、12)、DNA damage induced protein phosphorylation(1、3)、embryo development ending in birth or egg hatching(1、3)、eosinophil chemotaxis(1、6)、ethanol catabolic process(1、3)、

exploration behavior(1、12)、eye development(3、6)、flavonoid metabolic process(1、3)、heterocycle metabolic process(1、3、12)、hydrogen peroxide biosynthetic process(1、3、12)、leukocyte migration involved in inflammatory response(1、12)、maternal process involved in parturition(1、3)、neural retina development(6、12)、neurotransmitter catabolic process(1、3)、positive regulation of cAMP metabolic process(3、12)、positive regulation of cell adhesion(1、3)、positive regulation of osteoblast proliferation(1、6)、positive regulation of protein tyrosine kinase activity(3、6)、positive regulation of T cell migration(1、6)、positive regulation of vascular permeability(6、12)、regulation of odontogenesis of dentin-containing tooth(3、6)、response to drug(1、3)、response to immobilization stress(1、3、12)、response to lipopolysaccharide(1、6)、response to wounding(1、3)、Schwann cell differentiation(1、6)、spinal cord dorsal/ventral patterning(3、6)、toxin metabolic process(1、3、12)(见表3-11)。

表 3-11　1 号卷烟组大鼠心脏差异表达基因 GO 分析

序号	组别	脏器	类别	GO ID	GO name	烟气暴露时间/个月
1				GO:0032451	demethylase activity	1,3,12
2			分子功能	GO:0019894	kinesin binding	3、6
3				GO:0004222	metalloendopeptidase activity	1、6
4				GO:0016702	oxidoreductase activity	3、6
5				GO:0030165	PDZ domain binding	6、12
6	1号卷烟组	心脏		GO:0001784	phosphotyrosine binding	1、6
7				GO:0000801	central element	3、6
8				GO:0010369	chromocenter	6、12
9				GO:0097542	ciliary tip	3、6
10				GO:0016021	integral component of membrane	6、12
11			细胞组分	GO:0032982	myosin filament	3、12
12				GO:0043204	perikaryon	1、3、12
13				GO:0098794	postsynapse	6、12
14				GO:0014069	postsynaptic density	3、6、12
15				GO:0042734	presynaptic membrane	3、12
16				GO:0045202	synapse	1、3、6

续表

序号	组别	脏器	类别	GO ID	GO name	烟气暴露时间/个月
17				GO:0042904	9-cis-retinoic acid biosynthetic process	1、3
18				GO:0009308	amine metabolic process	1、3
19				GO:0007268	chemical synaptic transmission	6、12
20				GO:0009804	coumarin metabolic process	1、3
21				GO:0018894	dibenzo-p-dioxin metabolic process	1、12
22				GO:0006975	DNA damage induced protein phosphorylation	1、3
23				GO:0009792	embryo development ending in birth or egg hatching	1、3
24				GO:0048245	eosinophil chemotaxis	1、6
25				GO:0006068	ethanol catabolic process	1、3
26				GO:0035640	exploration behavior	1、12
27				GO:0001654	eye development	3、6
28	1号卷烟组	心脏	生物学过程	GO:0009812	flavonoid metabolic process	1、3
29				GO:0046483	heterocycle metabolic process	1、3、12
30				GO:0050665	hydrogen peroxide biosynthetic process	1、3、12
31				GO:0002523	leukocyte migration involved in inflammatory response	1、12
32				GO:0060137	maternal process involved in parturition	1、3
33				GO:0003407	neural retina development	6、12
34				GO:0042135	neurotransmitter catabolic process	1、3
35				GO:0030816	positive regulation of cAMP metabolic process	3、12
36				GO:0045785	positive regulation of cell adhesion	1、3
37				GO:0033690	positive regulation of osteoblast proliferation	1、6
38				GO:0061098	positive regulation of protein tyrosine kinase activity	3、6
39				GO:2000406	positive regulation of T cell migration	1、6
40				GO:0043117	positive regulation of vascular permeability	6、12
41				GO:0042487	regulation of odontogenesis of dentin-containing tooth	3、6
42				GO:0042493	response to drug	1、3
43				GO:0035902	response to immobilization stress	1、3、12

序号	组别	脏器	类别	GO ID	GO name	烟气暴露时间/个月
44	1号卷烟组	心脏	生物学过程	GO:0032496	response to lipopolysaccharide	1、6
45				GO:0009611	response to wounding	1、3
46				GO:0014037	Schwann cell differentiation	1、6
47				GO:0021513	spinal cord dorsal/ventral patterning	3、6
48				GO:0009404	toxin metabolic process	1、3、12

2号卷烟组：涉及的分子功能有 cation channel activity（1、3）、exo-alpha-sialidase activity（3、6、12）、monoamine transmembrane transporter activity（1、12）、protein kinase activity（1、3）、protein kinase binding（1、12）、UDP-galactose：beta-N-acetylglucosamine beta-1,3-galactosyltransferase activity（3、12）；涉及的细胞组分有 catalytic complex（6、12）、spindle microtubule（1、6）、synaptonemal complex（1、3）、terminal bouton（1、12）；涉及的生物学过程有 detection of mechanical stimulus involved in sensory perception（1、3）、ganglioside catabolic process（6、12）、homologous chromosome segregation（1、3）、insulin secretion（6、12）、ion transmembrane transport（1、3）、oligosaccharide catabolic process（6、12）、positive regulation of cell adhesion（1、3）、positive regulation of cellular extravasation（1、3）、regulation of innate immune response（3、6）、regulation of vascular endothelial growth factor production（1、3）、renal water absorption（1、3）、vesicle-mediated transport（1、3）（见表 3-12）。

表 3-12　2号卷烟组大鼠心脏差异表达基因 GO 分析

序号	组别	脏器	类别	GO ID	GO name	烟气暴露时间/个月
1	2号卷烟组	心脏	分子功能	GO:0005261	cation channel activity	1、3
2				GO:0004308	exo-alpha-sialidase activity	3、6、12
3				GO:0008504	monoamine transmembrane transporter activity	1、12
4				GO:0004672	protein kinase activity	1、3
5				GO:0019901	protein kinase binding	1、12
6				GO:0008499	UDP-galactose：beta-N-acetylglucosamine beta-1,3-galactosyltransferase activity	3、12

续表

序号	组别	脏器	类别	GO ID	GO name	烟气暴露时间/个月
7			细胞组分	GO:1902494	catalytic complex	6、12
8				GO:0005876	spindle microtubule	1、6
9				GO:0000795	synaptonemal complex	1、3
10				GO:0043195	terminal bouton	1、12
11	2号卷烟组	心脏	生物学过程	GO:0050974	detection of mechanical stimulus involved in sensory perception	1、3
12				GO:0006689	ganglioside catabolic process	6、12
13				GO:0045143	homologous chromosome segregation	1、3
14				GO:0030073	insulin secretion	6、12
15				GO:0034220	ion transmembrane transport	1、3
16				GO:0009313	oligosaccharide catabolic process	6、12
17				GO:0045785	positive regulation of cell adhesion	1、3
18				GO:0002693	positive regulation of cellular extravasation	1、3
19				GO:0045088	regulation of innate immune response	3、6
20				GO:0010574	regulation of vascular endothelial growth factor production	1、3
21				GO:0070295	renal water absorption	1、3
22				GO:0016192	vesicle-mediated transport	1、3

3.2.2.3　差异表达基因 KEGG 分析

烟气暴露 1 个月,1 号卷烟组与 NS 组筛选出的差异表达基因主要涉及 9 个生物学通路,2 号卷烟组与 1 号卷烟组筛选出的差异表达基因主要涉及 4 个生物学通路。

烟气暴露 3 个月,1 号卷烟组与 NS 组筛选出的差异表达基因主要涉及 17 个生物学通路,2 号卷烟组与 1 号卷烟组筛选出的差异表达基因主要涉及 14 个生物学通路。

烟气暴露 6 个月,1 号卷烟组与 NS 组筛选出的差异表达基因主要涉及 88 个生物学通路,2 号卷烟组与 1 号卷烟组筛选出的差异表达基因主要涉及 5 个生物学通路。

烟气暴露 12 个月,1 号卷烟组与 NS 组筛选出的差异表达基因主要涉及 3 个生物学通

路,2 号卷烟组与 1 号卷烟组筛选出的差异表达基因主要涉及 27 个生物学通路。(见表 3-13)

表 3-13　烟气暴露大鼠心脏差异表达基因 KEGG 分析

序号	脏器	烟气暴露时间	比较组 1	比较组 2	KEGG pathway/个
1	心脏	1 个月	2 号卷烟组	1 号卷烟组	4
2			1 号卷烟组	NS 组	9
3		3 个月	2 号卷烟组	1 号卷烟组	14
4			1 号卷烟组	NS 组	17
5		6 个月	2 号卷烟组	1 号卷烟组	5
6			1 号卷烟组	NS 组	88
7		12 个月	2 号卷烟组	1 号卷烟组	27
8			1 号卷烟组	NS 组	3

分别对 1 号卷烟组和 2 号卷烟组大鼠心脏在不同烟气暴露时间差异表达基因涉及的共同生物学通路进行筛选。

1 号卷烟组:涉及的生物学通路有 calcium signaling pathway(3、12)、hematopoietic cell lineage(1、6)、metabolism of xenobiotics by cytochrome P450(1、3)、neuroactive ligand-receptor interaction(3、6、12)、tryptophan metabolism(3、6、12)、tyrosine metabolism(1、6)。

2 号卷烟组:涉及的生物学通路有 tryptophan metabolism(1、12)。(见表 3-14)

表 3-14　烟气暴露大鼠心脏差异表达基因共同涉及通路 KEGG 分析

序号	组别	Pathway name	烟气暴露时间/个月
1	1 号卷烟组	calcium signaling pathway	3、12
2		hematopoietic cell lineage	1、6
3		metabolism of xenobiotics by cytochrome P450	1、3
4		neuroactive ligand-receptor interaction	3、6、12
5		tryptophan metabolism	3、6、12
6		tyrosine metabolism	1、6
7	2 号卷烟组	tryptophan metabolism	1、12

参 考 文 献

[1]　Fowler C D,Gipson C D,Kleykamp B A,et al. Basic science and public policy：Informed regulation for nicotine and tobacco products[J]. Nicotine & Tobacco Research，2018,20(7):789-799.

[2]　Talukder M A H,Johnson W M,Varadharaj S,et al. Chronic cigarette smoking causes hypertension，increased oxidative stress，impaired NO bioavailability，endothelial dysfunction，and cardiac remodeling in mice[J]. Am. J. Physiol. Heart Circ. Physiol.，2011,300(1).

[3]　Santos P P,Oliveira F,Ferreira V C M P,et al. The role of lipotoxicity in smoke cardiomyopathy[J]. PloS One,2014,9(12).

[4]　赵斌. n-3 多不饱和脂肪酸与动脉粥样硬化的实验研究[D]. 北京:北京协和医学院,1996.

[5]　杨灏. 基于候选基因的慢性乙型肝炎、肝癌和鼻咽癌的遗传关联研究[D]. 北京:中国人民解放军军事医学科学院,2007.

[6]　Patja K,Vainiotalo S,Laatikainen T,et al. Exposure to environmental tobacco smoke at work,at home,and during leisure time：A cross-sectional population sample [J]. Nicotine & Tobacco Research,2008,10(8):1327-1333.

[7]　Bergmann R L,Bergmann K E,Schumann S,et al. Smoking during pregnancy：Rates,trends,risk factors[J]. Z Geburtshilfe Neonatol,2008,212(3):80-86.

第 4 章
蛋白质组学研究

《中国心血管病报告 2018》显示,我国心血管病死亡率居首位,高于肿瘤及其他疾病[1]。近年来,我国肺癌报告发病率持续上升,死亡率居所有癌症之首,肺癌成为危害我国居民健康的主要恶性肿瘤之一[2,3]。流行病学数据分析以及许多实验研究结果表明,吸烟除直接危害人体的呼吸系统外,对人体的心脑血管、消化道、肝脏等组织器官均产生不同程度的损害[4,5]。多项研究表明,烟草中含有引起肺功能损伤、冠状动脉硬化、高血压、冠心病、肝损伤等疾病发病率升高的成分[6-9]。本研究利用 TMT 定量蛋白质组学研究技术探索卷烟烟气对大鼠肺脏、心脏相关蛋白的改变情况,旨在寻找差异蛋白以及相关生物学通路,为卷烟危害性评价提供研究线索。本章主要以肺脏和心脏蛋白质组学研究为例进行详细阐述,并简要介绍采用 LC-MS/MS 技术获得经 CSE 处理的 HBE 中 SUMO 化蛋白差异表达谱的方法和结果。

4.1　肺脏蛋白质组学研究

4.1.1　材料与方法

4.1.1.1　仪器与设备

Q Exactive Plus 质谱仪(ThermoFisher)、EASY-nLC 1200 液相色谱仪(ThermoFisher)、台式冷冻离心机(上海卢湘仪)、超声波细胞粉碎机(宁波新芝)、SDS-PAGE 凝胶电泳仪(北京六一)、酶标仪(上海科华实验系统有限公司)、图像扫描仪(GE 医疗)、电子天平(上海越平科学仪器有限公司)、冻干机(宁波新芝)。

4.1.1.2　主要试剂

TMT 试剂盒(ThermoFisher)、羟胺(Sigma)、SDS 裂解液(碧云天)、BCA 试剂盒(ThermoFisher)、质谱级乙腈(ThermoFisher)、PMSF(Amresco)、G-250(Sigma)。

4.1.1.3　检测样品

大鼠烟气暴露 1、3、6、12 个月肺脏组织,每组各 3 个。

4.1.1.4 实验方法

TMT 定量蛋白质组学实验基本流程如下:提取样品中总蛋白,取出一部分进行蛋白浓度测定及 SDS-PAGE 检测,另取一部分进行胰酶酶解及标记,然后取等量的各标记样品混合后进行色谱分离,最后对样品进行 LC-MS/MS 分析及数据分析,如图 4-1 所示。

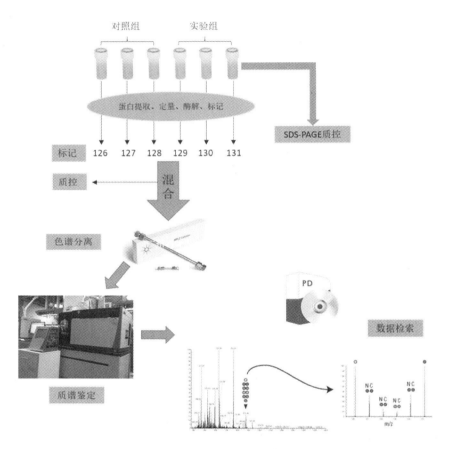

图 4-1　TMT 定量蛋白质组学实验流程

4.1.1.5 生物信息分析流程

利用 VLOOKUP 函数将三次结果合并后进行差异蛋白筛选:对每组的三个重复值进行 t 检验,计算每一比较组的差异倍数变化值和 P 值,差异倍数变化值大于 1.2 或小于 5/6 并且 $P<0.05$ 的蛋白被认为是差异蛋白。对差异蛋白进行功能分析,包括 GO 分析、KEGG 分析、互作分析(见图 4-2)。

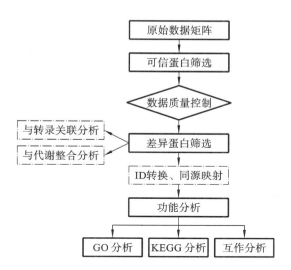

图 4-2　TMT 定量蛋白质组学生物信息分析流程

4.1.2　结果和讨论

4.1.2.1　差异蛋白筛选

烟气暴露1个月,1号卷烟组与 NS 组筛选出差异蛋白数为 65 个,2号卷烟组与1号卷烟组筛选出差异蛋白数为 86 个。

烟气暴露3个月,1号卷烟组与 NS 组筛选出差异蛋白数为 133 个,2号卷烟组与1号卷烟组筛选出差异蛋白数为 95 个。

烟气暴露6个月,1号卷烟组与 NS 组筛选出差异蛋白数为 87 个,2号卷烟组与1号卷烟组筛选出差异蛋白数为 93 个。

烟气暴露12个月,1号卷烟组与 NS 组筛选出差异蛋白数为 568 个,2号卷烟组与1号卷烟组筛选出差异蛋白数为 650 个。(见表4-1)

表 4-1　烟气暴露对大鼠肺脏差异蛋白表达的影响

序号	脏器	烟气暴露时间	比较组1	比较组2	差异蛋白数/个
1	肺脏	1个月	2号卷烟组	1号卷烟组	86
2			1号卷烟组	NS 组	65

续表

序号	脏器	烟气暴露时间	比较组1	比较组2	差异蛋白数/个
3	肺脏	3个月	2号卷烟组	1号卷烟组	95
4			1号卷烟组	NS组	133
5		6个月	2号卷烟组	1号卷烟组	93
6			1号卷烟组	NS组	87
7		12个月	2号卷烟组	1号卷烟组	650
8			1号卷烟组	NS组	568

分别对1号卷烟组和2号卷烟组大鼠肺脏在不同烟气暴露时间涉及的共同差异蛋白进行筛选。

1号卷烟组：涉及的共同差异蛋白有 A0A0G2JWX0↑（1、3）、Aldh3a1↑（1、3、6、12）、CYP1A1↑（1、3、12）、Dcn↑（1、3）、Decr1↑（1、3）、Fabp4↑（1、3）、Hp↓（1、3）、Krt1↓（1、3）、Krt16↓（1、3）、Lipa↑（1、3、6、12）、Myh11↑（1、3）、NEWGENE_621351↑（1、3）、Nqo1↑（1、3）、Nqo2↑（1、3）、Plin1↑（1、3）、Myl7↑（3、12）、Actn2↑（3、12）、Srl↑（3、12）、Mtco2↑（3、12）、RT1-Ba↑（1、12）（见表4-2）。

表4-2　1号卷烟组烟气暴露大鼠肺脏共同差异蛋白统计

序号	组别	蛋白名称	烟气暴露时间/个月
1	1号卷烟组	A0A0G2JWX0↑	1、3
2		Aldh3a1↑（aldehyde dehydrogenase,dimeric NADP-preferring）	1、3、6、12
3		CYP1A1↑（cytochrome P450 1A1）	1、3、12
4		Dcn↑（decorin）	1、3
5		Decr1↑（2,4-dienoyl-CoA reductase 1）	1、3
6		Fabp4↑（fatty acid-binding protein 4）	1、3
7		Hp↓（haptoglobin）	1、3
8		Krt1↓（keratin 1）	1、3
9		Krt16↓（keratin 16）	1、3
10		Lipa↑（lysosomal acid lipase/cholesteryl ester hydrolase）	1、3、6、12
11		Myh11↑（myosin-11）	1、3
12		NEWGENE_621351↑（collagen,type Ⅰ,alpha 2）	1、3

序号	组别	蛋白名称	烟气暴露时间/个月
13		Nqo1↑（NAD(P)H quinone dehydrogenase 1）	1、3
14		Nqo2↑（ribosyldihronicotinamide dehydrogenase）	1、3
15	1号卷烟组	Plin1↑（perilipin 1）	1、3
16		Myl7↑（myosin light chain 7）	3、12
17		Actn2↑（actinin alpha 2）	3、12
18		Srl↑（sarcalumenin）	3、12
19		Mtco2↑（cytochrome c oxidase subunit 2）	3、12
20		RT1-Ba↑（RT1 class Ⅱ histocompatibility antigen）	1、12

2号卷烟组：涉及的共同差异蛋白有 A1i3↓（1、3）、Actn2↓（1、3）、Ckm↓（1、3、6）、Cpt1b↓（1、3）、CYP2B1↑（1、3）、Dcn↓（1、3）、Dcun1d3↓（1、3）、Defa↑（1、3）、Dync1i1↓（1、3）、Fabp3↓（1、3）、Kdelr1↑（1、3）、Ldb3↓（1、3）、Mb↓（1、3、6）、Msra↓（1、3）、Mybpc3↓（1、3、6、12）、Myh6↓（1、3、6）、Myl4↓（1、3）、Myl7↓（1、3）、Myom2↓（1、3）、Obscn↓（1、3）、Pgam2↓（1、3）、Slc25a4↓（1、3）、Srl↓（1、3、12）、Tnnc1↓（1、3、6）、Tnni3↓（1、3）、Tnnt2↓（1、3）、Lpin1↑（6、12）、Myh7↓（6、12）、Ckmt2↓（3、6、12）（见表4-3）。

表4-3　2号卷烟组烟气暴露大鼠肺脏共同差异蛋白统计

序号	组别	蛋白名称	烟气暴露时间/个月
1		A1i3↓（alpha-1-inhibitor 3）	1、3
2		Actn2↓（actinin alpha 2）	1、3
3		Ckm↓（creatine kinase，M-type）	1、3、6
4	2号卷烟组	Cpt1b↓（carnitine palmitoyltransferase 1b）	1、3
5		CYP2B1↑（cytochrome P450 2B1）	1、3
6		Dcn↓（decorin）	1、3
7		Dcun1d3↓（DCN1-like protein 3）	1、3
8		Defa↑（neutrophil antibiotic peptide NP-2）	1、3
9		Dync1i1↓（dynein cytoplasmic 1 intermediate chain 1）	1、3
10		Fabp3↓（fatty acid-binding protein，heart）	1、3

续表

序号	组别	蛋白名称	烟气暴露时间/个月
11		Kdelr1↑（ER lumen protein-retaining receptor 1）	1、3
12		Ldb3↓（LIM domain-binding 3）	1、3
13		Mb↓（myoglobin）	1、3、6
14		Msra↓（mitochondrial peptide methionine sulfoxide reductase）	1、3
15		Mybpc3↓（myosin-binding protein C,cardiac-type）	1、3、6、12
16		Myh6↓（myosin-6）	1、3、6
17		Myl4↓（myosin light chain 4）	1、3
18		Myl7↓（myosin light chain 7）	1、3
19	2号卷烟组	Myom2↓（myomesin 2）	1、3
20		Obscn↓（obscurin,cytoskeletal calmodulin and titin-interacting RhoGEF）	1、3
21		Pgam2↓（phosphoglycerate mutase 2）	1、3
22		Slc25a4↓（ADP/ATP translocase 1）	1、3
23		Srl↓（sarcalumenin）	1、3、12
24		Tnnc1↓（cardiac troponin C）	1、3、6
25		Tnni3↓（troponin I,cardiac muscle）	1、3
26		Tnnt2↓（troponin T,cardiac muscle）	1、3
27		Lpin1↑（lipin 1）	6、12
28		Myh7↓（myosin-7）	6、12
29		Ckmt2↓（creatine kinase S-type）	3、6、12

4.1.2.2 差异蛋白 GO 分析

　　烟气暴露 1 个月,1 号卷烟组与 NS 组筛选出的差异蛋白主要涉及 19 个分子功能、16 个细胞组分和 23 个生物学过程,2 号卷烟组与 1 号卷烟组筛选出的差异蛋白主要涉及 33 个分子功能、52 个细胞组分和 194 个生物学过程。

　　烟气暴露 3 个月,1 号卷烟组与 NS 组筛选出的差异蛋白主要涉及 62 个分子功能、86

个细胞组分和 262 个生物学过程,2 号卷烟组与 1 号卷烟组筛选出的差异蛋白主要涉及 43 个分子功能、84 个细胞组分和 221 个生物学过程。

烟气暴露 6 个月,1 号卷烟组与 NS 组筛选出的差异蛋白主要涉及 99 个分子功能、41 个细胞组分和 251 个生物学过程,2 号卷烟组与 1 号卷烟组筛选出的差异蛋白主要涉及 87 个分子功能、39 个细胞组分和 183 个生物学过程。

烟气暴露 12 个月,1 号卷烟组与 NS 组筛选出的差异蛋白主要涉及 284 个分子功能、109 个细胞组分和 737 个生物学过程,2 号卷烟组与 1 号卷烟组筛选出的差异蛋白主要涉及 273 个分子功能、103 个细胞组分和 721 个生物学过程。(见表 4-4)

表 4-4　烟气暴露大鼠肺脏差异蛋白 GO 分析

序号	脏器	烟气暴露时间	比较组 1	比较组 2	分子功能/个	细胞组分/个	生物学过程/个
1	肺脏	1 个月	2 号卷烟组	1 号卷烟组	33	52	194
2			1 号卷烟组	NS 组	19	16	23
3		3 个月	2 号卷烟组	1 号卷烟组	43	84	221
4			1 号卷烟组	NS 组	62	86	262
5		6 个月	2 号卷烟组	1 号卷烟组	87	39	183
6			1 号卷烟组	NS 组	99	41	251
7		12 个月	2 号卷烟组	1 号卷烟组	273	103	721
8			1 号卷烟组	NS 组	284	109	737

分别对 1 号卷烟组和 2 号卷烟组大鼠肺脏在不同烟气暴露时间差异蛋白的共同分子功能、细胞组分、生物学过程进行筛选。

1 号卷烟组:涉及的分子功能有 actin monomer binding(3、6、12)、oxidoreductase activity(1、3、6)、flavonoid 3′-monooxygenase activity(1、3、12);涉及的细胞组分有 extracellular region(1、3、6)、extracellular space(1、3、6、12)、A band(3、6、12)、contractile fiber(3、6、12);涉及的生物学过程有 response to nutrient(1、3、6)、oxidation-reduction process(1、3、6)、response to metal ion(1、3、6、12)、response to glucocorticoid(1、6、12)、ubiquinone biosynthetic process(3、6、12)、ATP biosynthetic process(3、6、12)、sequestering of actin monomers(3、6、12)、response to cAMP(3、6、12)、ventricular cardiac muscle tissue morphogenesis(3、6、12)、cardiac muscle contraction(3、6、12)(见表 4-5)。

表 4-5　1 号卷烟组大鼠肺脏差异蛋白 GO 分析

序号	组别	脏器	类别	GO ID	GO name	烟气暴露时间/个月
1			分子功能	GO:0003785	actin monomer binding	3、6、12
2				GO:0016491	oxidoreductase activity	1、3、6
3				GO:0016711	flavonoid 3′-monooxygenase activity	1、3、12
4			细胞组分	GO:0005576	extracellular region	1、3、6
5				GO:0005615	extracellular space	1、3、6、12
6				GO:0031672	A band	3、6、12
7				GO:0043292	contractile fiber	3、6、12
8	1号卷烟组	肺脏	生物学过程	GO:0007584	response to nutrient	1、3、6
9				GO:0055114	oxidation-reduction process	1、3、6
10				GO:0010038	response to metal ion	1、3、6、12
11				GO:0051384	response to glucocorticoid	1、6、12
12				GO:0006744	ubiquinone biosynthetic process	3、6、12
13				GO:0006754	ATP biosynthetic process	3、6、12
14				GO:0042989	sequestering of actin monomers	3、6、12
15				GO:0051591	response to cAMP	3、6、12
16				GO:0055010	ventricular cardiac muscle tissue morphogenesis	3、6、12
17				GO:0060048	cardiac muscle contraction	3、6、12

2 号卷烟组:涉及的分子功能有 troponin C binding(1、3、12)、troponin I binding(1、3、12)、fatty acid binding(1、3、6)、structural constituent of muscle(1、3、6)、actin monomer binding(1、6、12)、oxygen binding(1、6、12)、RAGE receptor binding(1、6、12);涉及的细胞组分有 troponin complex(1、3、12)、myosin complex(1、3、6)、myofibril(1、3、6)、A band(1、3、6)、I band(1、3、6)、contractile fiber(1、3、6)、extracellular space(1、3、6、12)、muscle myosin complex(1、3、6、12)、striated muscle myosin thick filament(1、3、6、12)、M band(1、3、6、12);涉及的生物学过程有 cardiac muscle tissue development(1、3、12)、muscle contraction(1、3、6)、heart development(1、3、6)、cardiac muscle contraction(1、3、6)、

ventricular cardiac muscle tissue morphogenesis（1、3、6、12）、phosphatidylcholine metabolic process(1、6、12)、regulation of heart contraction(3、6、12)（见表 4-6）。

表 4-6　2 号卷烟组大鼠肺脏差异蛋白 GO 分析

序号	组别	脏器	类别	GO ID	GO name	烟气暴露时间/个月
1				GO:0030172	troponin C binding	1、3、12
2				GO:0031013	troponin I binding	1、3、12
3			分子功能	GO:0005504	fatty acid binding	1、3、6
4				GO:0008307	structural constituent of muscle	1、3、6
5				GO:0003785	actin monomer binding	1、6、12
6				GO:0019825	oxygen binding	1、6、12
7				GO:0050786	RAGE receptor binding	1、6、12
8				GO:0005861	troponin complex	1、3、12
9				GO:0016459	myosin complex	1、3、6
10	2号卷烟组	肺脏		GO:0030016	myofibril	1、3、6
11				GO:0031672	A band	1、3、6
12			细胞组分	GO:0031674	I band	1、3、6
13				GO:0043292	contractile fiber	1、3、6
14				GO:0005615	extracellular space	1、3、6、12
15				GO:0005859	muscle myosin complex	1、3、6、12
16				GO:0005863	striated muscle myosin thick filament	1、3、6、12
17				GO:0031430	M band	1、3、6、12
18				GO:0048738	cardiac muscle tissue development	1、3、12
19				GO:0006936	muscle contraction	1、3、6
20			生物学过程	GO:0007507	heart development	1、3、6
21				GO:0060048	cardiac muscle contraction	1、3、6
22				GO:0055010	ventricular cardiac muscle tissue morphogenesis	1、3、6、12
23				GO:0046470	phosphatidylcholine metabolic process	1、6、12
24				GO:0008016	regulation of heart contraction	3、6、12

4.1.2.3 差异蛋白 KEGG 分析

烟气暴露 1 个月，1 号卷烟组与 NS 组筛选出的差异蛋白涉及 0 个生物学通路，2 号卷烟组与 1 号卷烟组筛选出的差异蛋白主要涉及 5 个生物学通路。

烟气暴露 3 个月，1 号卷烟组与 NS 组筛选出的差异蛋白主要涉及 16 个生物学通路，2 号卷烟组与 1 号卷烟组筛选出的差异蛋白主要涉及 5 个生物学通路。

烟气暴露 6 个月，1 号卷烟组与 NS 组筛选出的差异蛋白主要涉及 30 个生物学通路，2 号卷烟组与 1 号卷烟组筛选出的差异蛋白主要涉及 14 个生物学通路。

烟气暴露 12 个月，1 号卷烟组与 NS 组筛选出的差异蛋白主要涉及 4 个生物学通路，2 号卷烟组与 1 号卷烟组筛选出的差异蛋白主要涉及 4 个生物学通路。（见表 4-7）

表 4-7　烟气暴露大鼠肺脏差异蛋白 KEGG 分析

序号	脏器	烟气暴露时间	比较组 1	比较组 2	KEGG pathway/个
1	肺脏	1 个月	2 号卷烟组	1 号卷烟组	5
2			1 号卷烟组	NS 组	0
3		3 个月	2 号卷烟组	1 号卷烟组	5
4			1 号卷烟组	NS 组	16
5		6 个月	2 号卷烟组	1 号卷烟组	14
6			1 号卷烟组	NS 组	30
7		12 个月	2 号卷烟组	1 号卷烟组	4
8			1 号卷烟组	NS 组	4

分别对 1 号卷烟组和 2 号卷烟组大鼠肺脏在不同烟气暴露时间差异蛋白涉及的共同生物学通路进行筛选。

1 号卷烟组：涉及的生物学通路有 glycolysis / gluconeogenesis（3、6）、PPAR signaling pathway（3、6）、cardiac muscle contraction（3、6）、adrenergic signaling in cardiomyocytes（3、6）、renin-angiotensin system（3、6）、hypertrophic cardiomyopathy（HCM）（3、6）、dilated cardiomyopathy（DCM）（3、6）、maturity onset diabetes of the young（6、12）。

2 号卷烟组：涉及的生物学通路有 cardiac muscle contraction（1、3、6）、adrenergic signaling in cardiomyocytes（1、3、6）、hypertrophic cardiomyopathy（HCM）（1、3、6）、dilated cardiomyopathy（DCM）（1、3、6）、maturity onset diabetes of the young（6、12）。（见表 4-8）

表 4-8　烟气暴露大鼠肺脏差异蛋白共同涉及通路 KEGG 分析

序号	组别	Pathway ID	Pathway name	烟气暴露时间/个月
1	1号卷烟组	rno00010	glycolysis/gluconeogenesis	3、6
2		rno03320	PPAR signaling pathway	3、6
3		rno04260	cardiac muscle contraction	3、6
4		rno04261	adrenergic signaling in cardiomyocytes	3、6
5		rno04614	renin-angiotensin system	3、6
6		rno05410	hypertrophic cardiomyopathy（HCM）	3、6
7		rno05414	dilated cardiomyopathy（DCM）	3、6
8		rno04950	maturity onset diabetes of the young	6、12
9	2号卷烟组	rno04260	cardiac muscle contraction	1、3、6
10		rno04261	adrenergic signaling in cardiomyocytes	1、3、6
11		rno05410	hypertrophic cardiomyopathy（HCM）	1、3、6
12		rno05414	dilated cardiomyopathy（DCM）	1、3、6
13		rno04950	maturity onset diabetes of the young	6、12

4.1.2.4　共同差异蛋白互作分析

基于 OmicsBean 组学数据整合分析云平台，进行差异蛋白及 KEGG 通路之间的蛋白互作分析，结果如图 4-3 和图 4-4 所示。

烟气暴露 6 个月

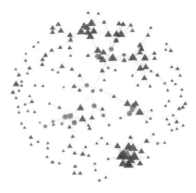

烟气暴露 12 个月

图 4-3　1 号卷烟组蛋白互作分析结果

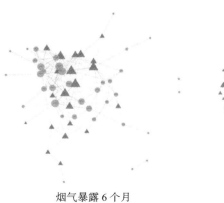

烟气暴露 6 个月

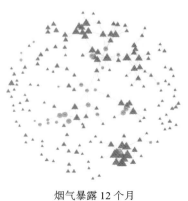

烟气暴露 12 个月

续图 4-3

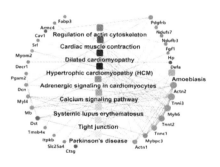

烟气暴露 1 个月

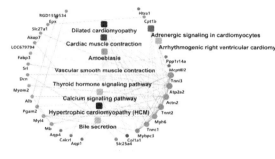

烟气暴露 3 个月

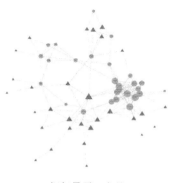

烟气暴露 6 个月

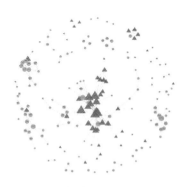

烟气暴露 12 个月

图 4-4 2 号卷烟组蛋白互作分析结果

4.2　心脏蛋白质组学研究

4.2.1　材料与方法

材料与方法同 4.1.1。检测样品为心脏组织。

4.2.2　结果和讨论

4.2.2.1　差异蛋白筛选

烟气暴露 1 个月,1 号卷烟组与 NS 组筛选出差异蛋白数为 57 个,2 号卷烟组与 1 号卷烟组筛选出差异蛋白数为 81 个。

烟气暴露 3 个月,1 号卷烟组与 NS 组筛选出差异蛋白数为 42 个,2 号卷烟组与 1 号卷烟组筛选出差异蛋白数为 45 个。

烟气暴露 6 个月,1 号卷烟组与 NS 组筛选出差异蛋白数为 21 个,2 号卷烟组与 1 号卷烟组筛选出差异蛋白数为 30 个。

烟气暴露 12 个月,1 号卷烟组与 NS 组筛选出差异蛋白数为 143 个,2 号卷烟组与 1 号卷烟组筛选出差异蛋白数为 46 个。(见表 4-9)

表 4-9　烟气暴露对大鼠心脏差异蛋白表达的影响

序号	脏器	烟气暴露时间	比较组 1	比较组 2	差异蛋白数/个
1	心脏	1 个月	2 号卷烟组	1 号卷烟组	81
2			1 号卷烟组	NS 组	57
3		3 个月	2 号卷烟组	1 号卷烟组	45
4			1 号卷烟组	NS 组	42

续表

序号	脏器	烟气暴露时间	比较组1	比较组2	差异蛋白数/个
5	心脏	6个月	2号卷烟组	1号卷烟组	30
6			1号卷烟组	NS组	21
7		12个月	2号卷烟组	1号卷烟组	46
8			1号卷烟组	NS组	143

分别对1号卷烟组和2号卷烟组大鼠心脏在不同烟气暴露时间涉及的共同差异蛋白进行筛选。

1号卷烟组:涉及的共同差异蛋白有 Hp↓(1、3)、Nqo2↑(1、3、12)、NEWGENE_621351↑(3、6、12)、Dpt↑(3、6)、Cnn1↑(3、6)、Semg1↑(6、12)。

2号卷烟组:涉及的共同差异蛋白有 M0RCH6↓(1、3)、Ca3↓(1、3)、Hba-a3↓(1、3)、Hist1h2ak↓(1、3)、Krt2↓(1、3)、Sult1a1↓(1、3)、NEWGENE_621351↓(3、12)、Dpt↓(3、12)、Fabp1↓(1、6)、Gstz1↑(3、6)、Blvra↑(6、12)。(见表4-10)

表4-10 烟气暴露大鼠心脏共同差异蛋白统计

序号	组别	蛋白名称	烟气暴露时间/个月
1	1号卷烟组	Hp↓(haptoglobin)	1、3
2		Nqo2↑(ribosyldihydronicotinamide dehydrogenase)	1、3、12
3		NEWGENE_621351↑(collagen,type Ⅰ,alpha 2)	3、6、12
4		Dpt↑(dermatopontin)	3、6
5		Cnn1↑(calponin-1)	3、6
6		Semg1↑(RCG32102)	6、12
7	2号卷烟组	M0RCH6↓	1、3
8		Ca3↓(carbonic anhydrase 3)	1、3
9		Hba-a3↓(alpha globin)	1、3
10		Hist1h2ak↓(histone H2A)	1、3
11		Krt2↓(keratin,type Ⅱ cytoskeletal 2 epidermal)	1、3
12		Sult1a1↓(sulfotransferase 1A1)	1、3
13		NEWGENE_621351↓(collagen,type Ⅰ,alpha 2)	3、12
14		Dpt↓(dermatopontin)	3、12

续表

序号	组别	蛋白名称	烟气暴露时间/个月
15	2号卷烟组	Fabp1↓（fatty acid-binding protein 1）	1、6
16		Gstz1↑（maleylacetoacetate isomerase）	3、6
17		Blvra↑（biliverdin reductase A）	6、12

4.2.2.2 差异蛋白GO分析

烟气暴露1个月，1号卷烟组与NS组筛选出的差异蛋白主要涉及63个分子功能、18个细胞组分和24个生物学过程，2号卷烟组与1号卷烟组筛选出的差异蛋白主要涉及39个分子功能、39个细胞组分和32个生物学过程。

烟气暴露3个月，1号卷烟组与NS组筛选出的差异蛋白主要涉及32个分子功能、29个细胞组分和17个生物学过程，2号卷烟组与1号卷烟组筛选出的差异蛋白主要涉及11个分子功能、23个细胞组分和19个生物学过程。

烟气暴露6个月，1号卷烟组与NS组筛选出的差异蛋白主要涉及25个分子功能、19个细胞组分和107个生物学过程，2号卷烟组与1号卷烟组筛选出的差异蛋白主要涉及41个分子功能、16个细胞组分和99个生物学过程。

烟气暴露12个月，1号卷烟组与NS组筛选出的差异蛋白主要涉及139个分子功能、69个细胞组分和454个生物学过程，2号卷烟组与1号卷烟组筛选出的差异蛋白主要涉及77个分子功能、33个细胞组分和252个生物学过程。（见表4-11）

表4-11 烟气暴露大鼠心脏差异蛋白GO分析

序号	脏器	烟气暴露时间	比较组1	比较组2	分子功能/个	细胞组分/个	生物学过程/个
1	心脏	1个月	2号卷烟组	1号卷烟组	39	39	32
2			1号卷烟组	NS组	63	18	24
3		3个月	2号卷烟组	1号卷烟组	11	23	19
4			1号卷烟组	NS组	32	29	17
5		6个月	2号卷烟组	1号卷烟组	41	16	99
6			1号卷烟组	NS组	25	19	107
7		12个月	2号卷烟组	1号卷烟组	77	33	252
8			1号卷烟组	NS组	139	69	454

分别对1号卷烟组和2号卷烟组大鼠心脏在不同烟气暴露时间差异蛋白的共同分子功能、细胞组分、生物学过程进行筛选。

1号卷烟组:涉及的分子功能有 phospholipid binding(1、6、12)、zinc ion binding(1、3、12)、structural constituent of muscle(3、6、12)、nickel cation binding(1、3、12)、antioxidant activity(1、3、6、12)、peptidase inhibitor activity(1、3、12)、hemoglobin binding(1、3、12)、bile acid binding(1、6、12)、protein complex binding(1、3、12)、identical protein binding(1、3、12)、protein homodimerization activity(1、3、12)、ion binding(1、3、12)、metal ion binding(1、3、6)、transition metal ion binding(1、3、12)、protein dimerization activity(1、3、12)、arachidonic acid binding(3、6、12)、actin filament binding(1、3、6)、peptide hormone receptor binding(1、3、12)、lysophospholipid transporter activity(1、6、12);涉及的细胞组分有 endoplasmic reticulum(1、3、12)、myosin complex(1、3、12)、mast cell granule(1、3、12)、neuron projection(1、3、12)、extracellular region(1、3、6)、proteinaceous extracellular matrix(1、3、6)、dendritic spine(1、3、6)、protein complex(1、3、6)、extracellular space(1、3、6、12)、peroxisomal matrix(1、6、12)、apical cortex(1、6、12)、collagen trimer(3、6、12)、collagen type Ⅰ trimer(3、6、12);涉及的生物学过程有 wound healing(3、6、12)(见表4-12)。

2号卷烟组:涉及的分子功能有 lysophospholipid transporter activity(1、6、12);涉及的细胞组分有 extracellular region(1、3、12)、collagen type Ⅰ trimer(1、3、12)、extracellular space(1、3、12)、blood microparticle(1、3、12);涉及的生物学过程有 protein complex assembly(1、3、12)、protein oligomerization(1、3、12)、regulation of body fluid levels(1、3、6)、protein homooligomerization(1、3、6)(见表4-13)。

表4-12　1号卷烟组大鼠心脏差异蛋白 GO 分析

序号	组别	类别	GO ID	GO name	烟气暴露时间/个月
1	1号卷烟组	分子功能	GO:0005543	phospholipid binding	1、6、12
2			GO:0008270	zinc ion binding	1、3、12
3			GO:0008307	structural constituent of muscle	3、6、12
4			GO:0016151	nickel cation binding	1、3、12
5			GO:0016209	antioxidant activity	1、3、6、12
6			GO:0030414	peptidase inhibitor activity	1、3、12
7			GO:0030492	hemoglobin binding	1、3、12

续表

序号	组别	类别	GO ID	GO name	烟气暴露时间/个月
8			GO:0032052	bile acid binding	1、6、12
9			GO:0032403	protein complex binding	1、3、12
10			GO:0042802	identical protein binding	1、3、12
11			GO:0042803	protein homodimerization activity	1、3、12
12		分子功能	GO:0043167	ion binding	1、3、12
13			GO:0046872	metal ion binding	1、3、6
14			GO:0046914	transition metal ion binding	1、3、12
15			GO:0046983	protein dimerization activity	1、3、12
16			GO:0050544	arachidonic acid binding	3、6、12
17			GO:0051015	actin filament binding	1、3、6
18			GO:0051428	peptide hormone receptor binding	1、3、12
19	1号卷烟组		GO:0051978	lysophospholipid transporter activity	1、6、12
20			GO:0005783	endoplasmic reticulum	1、3、12
21			GO:0016459	myosin complex	1、3、12
22			GO:0042629	mast cell granule	1、3、12
23			GO:0043005	neuron projection	1、3、12
24			GO:0005576	extracellular region	1、3、6
25		细胞组分	GO:0005578	proteinaceous extracellular matrix	1、3、6
26			GO:0043197	dendritic spine	1、3、6
27			GO:0043234	protein complex	1、3、6
28			GO:0005615	extracellular space	1、3、6、12
29			GO:0005782	peroxisomal matrix	1、6、12
30			GO:0045179	apical cortex	1、6、12
31			GO:0005581	collagen trimer	3、6、12
32			GO:0005584	collagen type Ⅰ trimer	3、6、12
33		生物学过程	GO:0042060	wound healing	3、6、12

表 4-13 2 号卷烟组大鼠心脏差异蛋白 GO 分析

序号	组别	类别	GO ID	GO name	烟气暴露时间/个月
1	2号卷烟组	分子功能	GO:0051978	lysophospholipid transporter activity	1、6、12
2		细胞组分	GO:0005576	extracellular region	1、3、12
3			GO:0005584	collagen type Ⅰ trimer	1、3、12
4			GO:0005615	extracellular space	1、3、12
5			GO:0072562	blood microparticle	1、3、12
6		生物学过程	GO:0006461	protein complex assembly	1、3、12
7			GO:0051259	protein oligomerization	1、3、12
8			GO:0050878	regulation of body fluid levels	1、3、6
9			GO:0051260	protein homooligomerization	1、3、6

4.2.2.3 差异蛋白 KEGG 分析

烟气暴露 1 个月,1 号卷烟组与 NS 组筛选出的差异蛋白涉及 0 个生物学通路,2 号卷烟组与 1 号卷烟组筛选出的差异蛋白主要涉及 4 个生物学通路。

烟气暴露 3 个月,1 号卷烟组与 NS 组筛选出的差异蛋白涉及 0 个生物学通路,2 号卷烟组与 1 号卷烟组筛选出的差异蛋白主要涉及 1 个生物学通路。

烟气暴露 6 个月,1 号卷烟组与 NS 组筛选出的差异蛋白主要涉及 20 个生物学通路,2 号卷烟组与 1 号卷烟组筛选出的差异蛋白主要涉及 30 个生物学通路。

烟气暴露 12 个月,1 号卷烟组与 NS 组筛选出的差异蛋白主要涉及 4 个生物学通路,2 号卷烟组与 1 号卷烟组筛选出的差异蛋白主要涉及 23 个生物学通路。(见表 4-14)

表 4-14 烟气暴露大鼠心脏差异蛋白 KEGG 分析

序号	脏器	烟气暴露时间	比较组 1	比较组 2	KEGG pathway/个
1	心脏	1 个月	2 号卷烟组	1 号卷烟组	4
2			1 号卷烟组	NS 组	0
3		3 个月	2 号卷烟组	1 号卷烟组	1
4			1 号卷烟组	NS 组	0

续表

序号	脏器	烟气暴露时间	比较组 1	比较组 2	KEGG pathway/个
5	心脏	6 个月	2 号卷烟组	1 号卷烟组	30
6			1 号卷烟组	NS 组	20
7		12 个月	2 号卷烟组	1 号卷烟组	23
8			1 号卷烟组	NS 组	4

　　分别对 1 号卷烟组和 2 号卷烟组大鼠心脏在不同烟气暴露时间差异蛋白涉及的共同生物学通路进行筛选。

　　1 号卷烟组:涉及的生物学通路有 N-glycan biosynthesis(6、12)。

　　2 号卷烟组:涉及的生物学通路有 nitrogen metabolism(1、12),malaria(1、12),chemical carcinogenesis(1、6),African trypanosomiasis(1、6、12),tyrosine metabolism(3、6),glycine,serine and threonine metabolism(6、12),selenocompound metabolism(6、12),porphyrin and chlorophyll metabolism(6、12),PPAR signaling pathway(6、12),fat digestion and absorption(6、12)。(见表 4-15)

表 4-15　烟气暴露大鼠心脏差异蛋白共同涉及通路 KEGG 分析

序号	组别	Pathway ID	Pathway name	烟气暴露时间/个月
1	1 号卷烟组	rno00510	N-glycan biosynthesis	6、12
2	2 号卷烟组	rno00910	nitrogen metabolism	1、12
3		rno05144	malaria	1、12
4		rno05204	chemical carcinogenesis	1、6
5		rno05143	African trypanosomiasis	1、6、12
6		rno00350	tyrosine metabolism	3、6
7		rno00260	glycine,serine and threonine metabolism	6、12
8		rno00450	selenocompound metabolism	6、12
9		rno00860	porphyrin and chlorophyll metabolism	6、12
10		rno03320	PPAR signaling pathway	6、12
11		rno04975	fat digestion and absorption	6、12

4.2.2.4　共同差异蛋白互作分析

基于 OmicsBean 组学数据整合分析云平台,进行差异蛋白及 KEGG 通路之间的蛋白互作分析,结果如图 4-5 和图 4-6 所示。

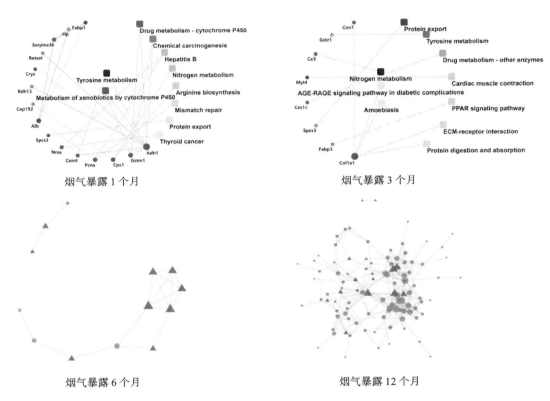

图 4-5　1 号卷烟组蛋白互作分析结果

4.2.3　讨论

蛋白质芯片是一种高通量的蛋白功能分析技术,TMT 是一种体外标记技术,广泛用于差异蛋白分析研究中。该技术采用 6 种或 10 种同位素标签,与肽段的氨基发生共价结合反应,可同时实现对 6 个或 10 个不同样品中蛋白质的定性和定量分析。

在本研究中,对 1 号卷烟组和 2 号卷烟组不同时间暴露后大鼠的肺脏、心脏的蛋白表达进行了分析,发现了大量差异表达的蛋白,对差异蛋白进一步进行筛选发现,2 号卷烟组大鼠肺脏涉及的共同差异蛋白主要有 Ckm↓、Ckmt2↓、Cpt1b↓、Dync1i1↓、Fabp3↓、

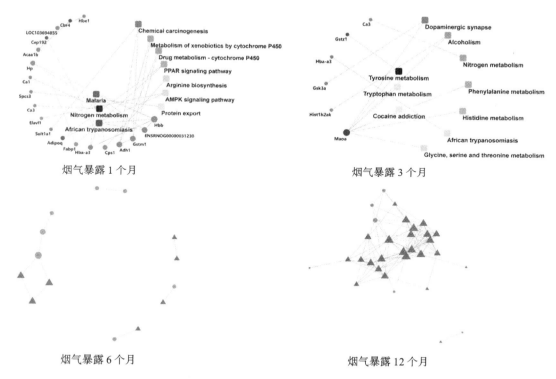

图 4-6　2 号卷烟组蛋白互作分析结果

Ldb3↓、Mb↓、Msra↓、Myh6↓、Myl7↓、Myom2↓、Srl↓、Tnnc1↓、Tnni3↓、Tnnt2↓等,其中 Myl7、Srl 均在 1 号卷烟组上调表达;2 号卷烟组心脏涉及的共同差异蛋白主要有 Dpt↓、Hist1h2ak↓、Krt2↓、M0RCH6↓、NEWGENE_621351↓ 等,其中 Dpt、NEWGENE_621351 均在 1 号卷烟组上调表达。

4.3　SUMO 化修饰研究

翻译后修饰是细胞响应细胞内外信号调节蛋白质功能的一种常用而快速的方法。SUMO 化修饰是一种可逆的翻译后修饰调控机制,由于其广泛存在于几乎所有的真核细胞中,在许多细胞功能中起着关键作用,因此,SUMO 化修饰在翻译后修饰研究领域备受关注,包括 DNA 损伤修复、RNA 加工、细胞周期进展和新合成蛋白的质量控制等[10]。机体良好的 SUMO 化修饰对于正常的细胞行为是必不可少的。异常的 SUMO 化修饰将导致身体更容易遭受许多疾病,包括癌症、神经退行性疾病等[11]。

本实验采用 LC-MS/MS 技术获得了经 CSE 处理的 HBE 中 SUMO 化蛋白的差异表达谱,并鉴定了一些氧化应激相关靶点。在研究中,用 HBE 细胞系在含有 CSE 和 JSZ-10 烟用添加剂的培养基中培养,提取细胞总蛋白,检测 SUMO1 和 SUMO2/3 蛋白量(见图 4-7),发现在 HBE 细胞系中,CSE 能明显诱导细胞内 SUMO1 蛋白的表达,但不影响 SUMO2/3 蛋白的表达,同时用 JSZ-10 烟用添加剂处理细胞后能明显减少 CSE 诱导的 SUMO1 蛋白表达量。接着检测细胞中被 SUMO1 修饰的靶标蛋白,发现 protein PML、cytochrome P450 1A1、aldo-keto reductase family 1 member C2 三种蛋白(见图 4-8 至图 4-10)与氧化应激相关且 SUMO 化水平下调。同时,采用 SUMO1 抗体亲和力富集,对三个样品(每个样品进行三次平行的 LC-MS/MS 分析)进行赖氨酸 SUMO1 定量分析,共鉴定出 1201 个 SUMO1 修饰的蛋白质,其中 847 个 SUMO1 修饰的蛋白质在至少两次 LC-MS/MS 分析中以一致的定量比精确定量。当定量比超过 1.5 或低于 0.667(1/1.5)的蛋白质被认为是显著的时,设定折叠变化截止值。然后进行密集的生物信息学分析来注释这些可定量的 SUMO1 修饰靶点以响应药物治疗,包括 GO 注释、结构域注释、亚细胞定位、KEGG 通路注释、功能聚类分析等。研究发现,在应激状态下,HBE 中某些蛋白的 SUMO 化水平发生改变。重要的是,在 SUMO 化水平发生显著改变的蛋白分子中,观察到一些氧化应激相关蛋白(PML、CYP1A1、AKR1C2)。PML 是早幼粒细胞白血病蛋白,也是细胞生长和转化的抑制蛋白。CYP1A1 是细胞色素 P450 酶系家族成员之一,也是参与化学物质体内生物转化的主要代谢酶。AKR1C2 是一种肿瘤基因相关蛋白,正常组织含量极少。推测 CSE 可能通过促进 PML、CYP1A1 或 AKR1C2 的表达而部分诱导氧化应激,进而损

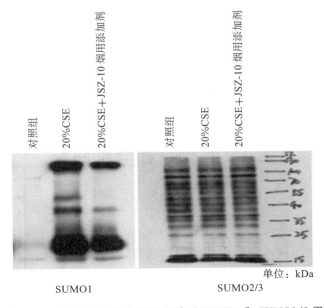

单位: kDa

SUMO1　　　　　SUMO2/3

图 4-7　CSE 和 JSZ-10 烟用添加剂对 HBE 细胞系 SUMO1 和 SUMO2/3 蛋白量的影响

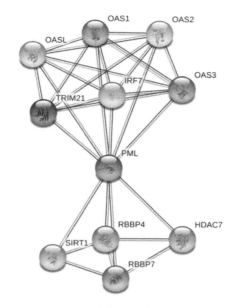

图 4-8　protein PML 与相关蛋白质相互作用网络图

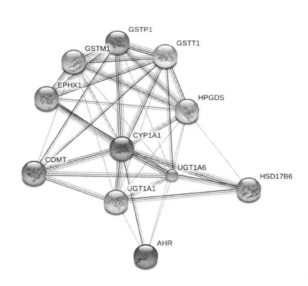

图 4-9　cytochrome P450 1A1 与相关蛋白质相互作用网络图

伤人气道上皮细胞。选取蛋白修饰差异显著的 CYP1A1 作为 SUMO1 蛋白修饰的靶分子,在 HBE 细胞中通过蛋白免疫共沉淀验证了 CSE 能诱导细胞内 SUMO1 与 CYP1A1 的相互作用(见图 4-11),进而促进细胞内的氧化应激而导致细胞损伤。除此之外,发现一种蛋白 P62 在用 CSE 处理时也增加。据报道,P62 与肿瘤形成、癌症促进、氧化应激以及治疗抵抗有关[12]。

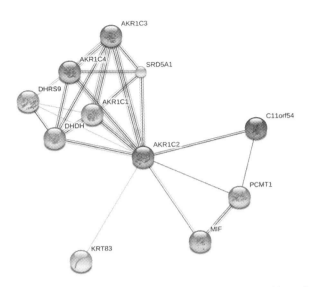

图 4-10　aldo-keto reductase family 1 member C2 与相关蛋白质相互作用网络图

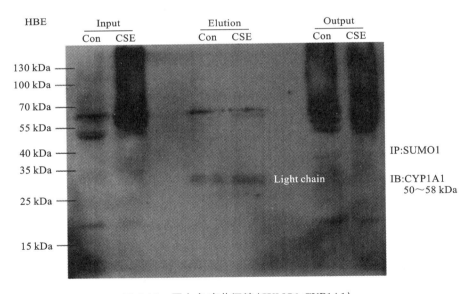

图 4-11　蛋白免疫共沉淀(SUMO1-CYP1A1)

总之,吸烟会诱导人气道上皮细胞系的凋亡和细胞内 SUMO 化水平的升高。通过质谱分析可以获取更广泛的 SUMO 修饰蛋白表达谱,并根据各种蛋白不同的功能进一步探讨 CSE 对细胞损伤的影响及其相应的机制。

参 考 文 献

［1］　胡盛寿,高润霖,刘力生,等.《中国心血管病报告 2018》概要［J］.中国循环杂志,2019,34(3):209-220.

［2］　《中国吸烟危害健康报告 2020》编写组.《中国吸烟危害健康报告 2020》概要［J］.中国循环杂志,2021,36(10):937-952.

［3］　李博,王安辉.女性肺癌危险因素研究进展［J］.医学综述,2019,25(18):3611-3616,3621.

［4］　陈珺芳,马海燕,汤静,等.杭州市归因于吸烟的疾病负担研究［J］.浙江预防医学,2016(3):226-229,239.

［5］　甘萍,聂桂丽,李艾珊.丹酚酸 B 对被动吸烟大鼠肝损伤的保护作用［J］.天津中医药大学学报,2009,28(3):130-132.

［6］　王娟,许浩博,乔树宾,等.吸烟的冠心病患者冠状动脉病变特点及经皮冠状动脉介入治疗后长期预后评价［J］.中国循环杂志,2018,33(11):1053-1058.

［7］　韩胜红,齐俊锋,李俊琳,等.吸烟行为与心血管病监测指标相关性分析［J］.中国公共卫生,2019,35(5):554-557.

［8］　罗太阳,聂绍平,康俊萍,等.吸烟与冠心病关系的研究［J］.中国介入心脏病学杂志,2008,16(6):328-331.

［9］　杜立梅,何士杰,景卫革,等.主动吸烟和被动吸烟对健康女性肺功能的影响［J］.检验医学与临床,2019,16(8):1034-1036.

［10］　Cheng J,Song J,He X Y,et al. Loss of MBD2 protects mice against high-fat diet-induced obesity and insulin resistance by regulating the homeostasis of energy storage and expenditure［J］.Diabetes,2016,65(11):3384-3395.

［11］　McKinney D L,Frost-Pineda K,Oldham M J,et al. Cigarettes with different nicotine levels affect sensory perception and levels of biomarkers of exposure in adult smokers［J］. Nicotine & Tobacco Research,2014,16(7):948-960.

［12］　Winslow U C,Rode L,Nordestgaard B G. High tobacco consumption lowers body weight:A Mendelian randomization study of the Copenhagen General Population Study［J］. International Journal of Epidemiology,2015,44(2):540-550.

第 5 章
代谢组学研究

　　代谢组学是继基因组学和蛋白质组学之后新发展起来的一门学科,是系统生物学的重要组成部分。基因组学和蛋白质组学分别从基因和蛋白质层面探寻生命活动,而实际上细胞内许多生命活动是与代谢物相关的,如细胞信号、能量传递等都受代谢物调控。代谢组学正是研究代谢组(metabolome)在某一时刻细胞内所有代谢物的集合的一门学科。基因与蛋白质的表达紧密相连,而代谢物则更多地反映细胞所处的环境,这又与细胞的营养状态、药物和环境污染物的作用,以及其他外界因素的影响密切相关。因此,有人认为,基因组学和蛋白质组学能够说明可能发生的事件,而代谢组学则反映确实已经发生了的事情。

5.1　烟气有害成分在体内的暴露评估研究进展

　　烟草及卷烟烟气中含有多种有害成分,长期吸烟者过多摄入这些有害物质,容易引起肺癌、呼吸道感染、心脏病等多种疾病的发生。英国皇家医学会于 1954 年、美国医政总署于 1964 年分别正式发表了有关“吸烟与健康”问题的报告,自此“吸烟与健康”研究成为国际烟草行业的研究重点。随着全球性控烟运动的不断推进,特别是 2005 年世界卫生组织《烟草控制框架公约》正式启动后,WHO 和社会公众对卷烟的危害性更加关注,客观评价吸烟者和被动吸烟者对烟气的暴露程度以及存在的潜在危险,并引导低危害卷烟产品的研发和生产是非常有必要的。

　　目前,用于卷烟烟气暴露评估的方法主要包括卷烟主流烟气有害成分释放量评价法、滤嘴分析法和烟气生物标志物法等。应用最为广泛的卷烟主流烟气有害成分释放量评价法是基于吸烟机按照 ISO 规定模式抽吸得到结果,与吸烟者实际抽吸行为,如抽吸体积、频率、间隔时间、抽吸深度等存在一定差异,不能完全反映吸烟者实际的烟气暴露情况。滤嘴分析法是通过分析吸烟者抽吸过的滤嘴中烟气成分的截留量,再结合不同抽吸方案下得到的滤嘴平均截留效率(滤嘴对烟气成分的截留量占滤嘴和滤片中截留量总和的百分比),估算出吸烟者的烟气暴露情况。滤嘴分析法的关键是获得不同抽吸方式下卷烟滤嘴的平均截留效率或主流烟气量与滤嘴截留量的相关关系,这种相关关系只是通过改变吸烟机抽吸参数获得,这就引起了一些争议。相比而言,生物标志物法能更真实地反映吸烟者的烟气暴露情况以及个体代谢水平的差异,被认为具有更高的可信度。生物标志物是反映机体与环境因子(物理的、化学的或生物的)交互作用所引起的所有可测定的变化的指标[1],主要包括暴露、效应以及易感性生物标志物。研究最多、应用最为广泛的为暴露生物标志

物[2,3],它可以是某种烟气成分、烟气成分代谢物或其他大分子加合物等,理论上可提供烟气暴露的定量评估。目前,国内外都建立了尿液中烟碱及其代谢物、挥发性有机化合物(VOCs)的巯基尿酸类代谢物等多种生物标志物的分析方法,并用以评价吸烟者的烟气有害成分暴露情况[4-10]。

Mendes 等[11]招募了 4000 名吸烟者,根据他们平时习惯抽吸卷烟品牌的焦油量将其分为 4 组(T1:≤2.9 mg。T2:3.0~6.9 mg。T3:7.0~12.9 mg。T4:≥13.0 mg),对他们血液中的 CO 血红蛋白加合物和 4-氨基联苯血红蛋白加合物、血清中的可替宁、24 h 尿液中的烟碱及其五种代谢物(总 NNAL、1-羟基芘、3-HPMA、DHBMA 和 MHBMA)进行了测定。结果表明,随着抽吸卷烟焦油释放量的降低,吸烟者尿液中生物标志物的含量逐渐降低,证实低焦油卷烟可降低吸烟者有害成分的暴露量。Breland 等[12]分析了吸烟者连续五天抽吸自己习惯的品牌以及 Advance™(一种低危害卷烟产品)后尿样中几种生物代谢物的浓度变化。研究表明,改抽 Advance™ 五天后,总 NNAL 量减少 51%,说明这种卷烟有利于降低吸烟者对 NNK 的暴露量,此外,CO 以及尿样中可替宁的含量也略微降低一些。

5.2　烟碱暴露评估研究

烟碱(nicotine,NIC)是烟草中特有的物质之一,占烟草总生物碱的 90% 以上。燃吸时烟草释放出游离态和质子态的烟碱,其中有 80%~90% 可经口腔黏膜和肺吸收进入体内。被机体吸收的烟碱经血液循环主要由肝脏代谢,并经肾脏过滤排出体外。目前,血液和尿液中的可替宁(cotinine,COT)已经作为尼古丁暴露标志物被广泛使用,但是由于烟碱经体内代谢后只有 10%~15% 以可替宁原型排出体外,其余烟碱主要以原型烟碱、烟碱非可替宁代谢产物(烟碱糖苷(nicotine-N-glucuronide,NIC-G)、烟碱氮氧化物(nicotine-N-oxide,NNO)、降烟碱(nornicotine,NNIC))和可替宁代谢产物(反-3-羟基可替宁(trans-3-hydroxycotinine,OHCOT)、可替宁氮氧化物(cotinine-N-oxide,CNO)、可替宁糖苷(cotinine-N-glucuronide,COT-G)、反-3-羟基可替宁糖苷(trans-3-hydroxycotinine-N-glucuronide,OHCOT-G)、降可替宁(norcotinine,NCOT))形式排出体外,因此,为了更加准确地表征烟碱在体内的暴露状态,项目研究中以烟碱及其 9 种主要代谢产物(烟碱糖苷、烟碱氮氧化物、降烟碱、可替宁、反-3-羟基可替宁、可替宁氮氧化物、可替宁糖苷、反-3-羟基可替宁糖苷、降可替宁)来表征烟碱在大鼠体内的暴露状态。

5.2.1   材料与方法

5.2.1.1   试剂与耗材

烟碱、烟碱糖苷、可替宁、可替宁糖苷、反-3-羟基可替宁、反-3-羟基可替宁糖苷、降烟碱、降可替宁、可替宁氮氧化物、烟碱氮氧化物、d3-烟碱(d3-NIC)、d3-可替宁(d3-COT)、d3-反-3-羟基可替宁(d3-OHCOT)、d3-烟碱糖苷(d3-NIC-G)、d3-可替宁糖苷(d3-COT-G)、d3-降烟碱(d3-NNIC)、d3-降可替宁(d3-NCOT)、d3-可替宁氮氧化物(d3-CNO)、d3-烟碱氮氧化物(d3-NNO)(色谱纯,加拿大 TRC 试剂公司);超纯水(电阻率≥18.2 MΩ·cm);乙腈(色谱纯);甲酸铵(色谱纯,安谱公司)。

Agilent 1200 高效液相色谱仪(美国安捷伦公司);API 4000 液相色谱-质谱联用仪(美国 AB SCIEX 公司);Sigma 3-15 离心机(德国 Sigma 公司);Waters XBridge C18 色谱柱(2.1 mm×150 mm,5.0 μm,美国 Waters 公司);CP2245 电子天平(感量 0.0001 g,德国 Sartorius 公司);KQ-700DE 数控超声波清洗器(昆山市超声仪器有限公司);Milli-Q50 超纯水仪(美国 Millipore 公司);0.22 μm 混合纤维素针式过滤器(上海科醚化学科技有限公司)。

5.2.1.2   样品前处理方法

血液样品前处理方法:将血液于室温下解冻,涡旋混匀,于−4 ℃、13 000 r/min 下离心 10 min,取 100 μL 上清液,加入 20 μL 烟碱生物标志物混合内标溶液,充分混匀后加入 100 μL 甲醇,充分混匀后于−4 ℃、13 000 r/min 下离心 10 min,取上清液 100 μL,加入 400 μL 纯水,混匀,经 0.22 μm 水相滤膜过滤后,进行 HPLC-MS/MS 分析。

尿液样品前处理方法:将尿液于室温下解冻,取解冻后的样品 500 μL,加入 200 μL 烟碱生物标志物混合内标溶液,加入 10 mL 纯水,经 0.22 μm 水相滤膜过滤后,进行 HPLC-MS/MS 分析。

5.2.1.3   仪器分析方法

色谱柱:Waters XBridge C18 色谱柱(2.1 mm×150 mm,5.0 μm)。
柱温:25 ℃。
进样体积:10 μL。
流速:0.30 mL/min。

流动相:A——10 mmol/L 甲酸铵溶液(用甲酸调节 pH=3.0);B——乙腈。

进样前,色谱柱平衡 16 min。

烟碱生物标志物梯度洗脱条件如表 5-1 所示。

表 5-1 烟碱生物标志物梯度洗脱条件

时间/min	流动相 A/(%)	流动相 B/(%)
0	5	95
11	70	30
13	5	95
16	5	95

质谱条件如下。

离子源:ESI(+)。

CAD:6 psi。

GS1:50 psi。

GS2:50 psi。

CUR:10 psi。

电喷雾电压:5000 V。

干燥温度:500 ℃。

扫描时间:40 ms。

扫描模式:MRM 模式。

烟碱生物标志物的 MRM 参数如表 5-2 所示。

表 5-2 烟碱生物标志物的 MRM 参数

化合物	定量离子对(m/z)	DP/V	CE/V
烟碱	163.1/129.8	60	30
烟碱糖苷	339.3/163.1	70	20
可替宁	177.1/80.1	75	34
可替宁糖苷	353.1/177.3	70	20
反-3-羟基可替宁	193.1/80.1	75	34
反-3-羟基可替宁糖苷	369.2/193.1	60	22
降烟碱	149.2/130.0	60	28

续表

化合物	定量离子对(m/z)	DP/V	CE/V
降可替宁	163.2/80.0	80	34
烟碱氮氧化物	179.2/132.0	60	30
可替宁氮氧化物	193.0/96.0	75	32
d3-烟碱	166.0/130.0	65	32
d3-可替宁	179.9/80.0	70	34
d3-反-3-羟基可替宁	196.0/80.0	75	33
d3-烟碱糖苷	342.2/166.1	50	20
d3-可替宁糖苷	356.2/180.2	50	18
d3-降烟碱	153.1/84.0	60	30
d3-降可替宁	167.0/84.0	60	34
d3-烟碱氮氧化物	182.2/132.0	60	30
d3-可替宁氮氧化物	196.2/96.1	60	30

5.2.1.4　大鼠血液、尿液样品中烟碱总代谢产物浓度的计算

大鼠血液及尿液样品中烟碱总代谢产物的浓度依据下列公式进行计算:

$$C_{烟碱总代谢产物} = \left(\frac{C_{NIC}}{M_{NIC}} + \frac{C_{COT}}{M_{COT}} + \frac{C_{OHCOT}}{M_{OHCOT}} + \frac{C_{NCOT}}{M_{NCOT}} + \frac{C_{NNIC}}{M_{NNIC}} + \frac{C_{COT\text{-}G}}{M_{COT\text{-}G}} + \frac{C_{NIC\text{-}G}}{M_{NIC\text{-}G}} + \frac{C_{CNO}}{M_{CNO}} \right.$$
$$\left. + \frac{C_{NNO}}{M_{NNO}} + \frac{C_{OHCOT\text{-}G}}{M_{OHCOT\text{-}G}} \right) \times M_{NIC}$$

其中:$C_{烟碱总代谢产物}$为烟碱总代谢产物浓度(ng/mL),C_{NIC}为 NIC 浓度(ng/mL),M_{NIC}为 NIC 摩尔质量(g/mol),依次类推。

5.2.1.5　统计分析

采用 SPSS 统计软件对实验所得数据进行统计分析,结果均采用平均数±标准差($\bar{x} \pm s$)的形式表示;采用单因素方差分析(one-way ANOVA)对组间的显著性差异进行检验,方差齐时选用 LSD 检验,方差不齐时,选用 Dunnett's t3 检验,$P < 0.05$ 表示有显著性差异。

5.2.2　结果与讨论

5.2.2.1　线性范围、工作曲线和相关系数

大鼠血液和尿液样品中烟碱生物标志物的 MRM 色谱图分别如图 5-1 和图 5-2 所示。

采用内标法定量,以各目标物的色谱峰面积与内标峰面积之比对各目标物浓度进行线性回归分析,得到各目标物的线性回归方程及相关系数,如表 5-3 所示。

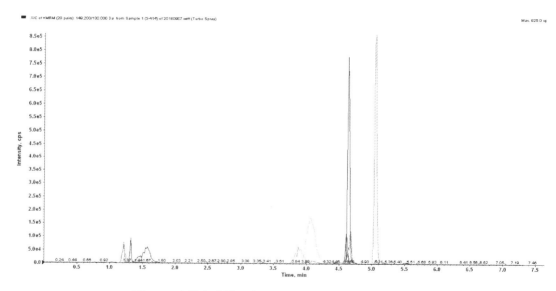

图 5-1　大鼠血液样品中烟碱生物标志物的 MRM 色谱图

表 5-3　烟碱生物标志物的线性回归方程及相关系数

目标物	浓度范围/(ng/mL)	线性回归方程	相关系数
降烟碱	0.5～50	$Y = 0.0808X - 0.042$	0.9983
可替宁	6.0～600	$Y = 0.0234X + 0.0703$	0.9985
降可替宁	0.2～20	$Y = 0.372X + 0.0012$	1.0000
反-3-羟基可替宁	0.2～20	$Y = 0.0824X - 0.00158$	0.9982
可替宁氮氧化物	1.4～140	$Y = 0.281X - 0.438$	0.9964

续表

目标物	浓度范围/(ng/mL)	线性回归方程	相关系数
烟碱氮氧化物	0.1～10	$Y=0.0542X-0.0682$	0.9972
烟碱	0.1～100	$Y=0.031X+0.0164$	0.9996
烟碱糖苷	0.05～5	$Y=0.00778X+0.00163$	0.9998
可替宁糖苷	0.2～20	$Y=0.00775X-0.158$	0.9962
反-3-羟基可替宁糖苷	0.1～10	$Y=0.0289X+0.0159$	0.9990

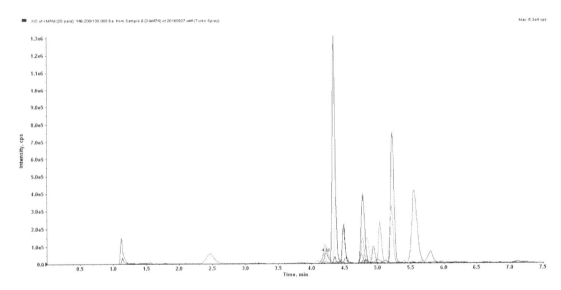

图 5-2　大鼠尿液样品中烟碱生物标志物的 MRM 色谱图

5.2.2.2　大鼠血液、尿液样品中烟碱代谢产物分析

对所有大鼠血液及尿液样品中的烟碱代谢产物进行分析,结果以烟碱总代谢产物浓度表示。分析结果如表 5-4 和表 5-5 所示。由表中结果可以看出,不同组别血液、尿液样品中烟碱代谢产物具有相同的变化规律。

与相当暴露时长的空白组样品相比,不同暴露时间的模型组、2 号卷烟组烟碱暴露水平显著增加,说明吸烟显著增加烟碱暴露量。

同一暴露时长的不同组大鼠血液、尿液样品中的烟碱总代谢产物浓度无显著性差异($P>0.05$),同一组别随暴露时间变化烟碱总代谢产物浓度也无显著性差异。

表 5-4   大鼠血样中烟碱总代谢产物浓度（ng/mL，$\bar{x}\pm s$，$n=6$）

分组	1 个月	3 个月	6 个月	12 个月
空白组	6.92±1.05	5.97±1.08	6.14±0.53	6.17±0.68
模型组	55.75±4.26	54.06±3.22	51.78±3.94	52.31±3.55
2 号卷烟组	56.02±1.84	56.89±4.15	54.75±6.15	53.45±5.61

表 5-5   大鼠尿样中烟碱总代谢产物浓度（ng/mL，$\bar{x}\pm s$，$n=6$）

分组	1 个月	3 个月	6 个月	12 个月
空白组	130.99±6.03	141.92±12.31	136.26±13.31	130.99±6.03
模型组	2864.86±487.73	2657.10±228.97	2551.19±260.66	2860.55±397.64
2 号卷烟组	2659.38±214.35	2911.55±458.20	2844.75±309.21	2744.33±168.85

5.3   挥发性有机化合物暴露评估研究

巯基尿酸类代谢物是哺乳类动物体内亲电子物质代谢的最终产物。卷烟烟气中的多种有害成分，包括 1,3-丁二烯、苯、丙烯腈、丙烯醛、巴豆醛等挥发性有机化合物的巯基尿酸类代谢物都可以作为高适用性生物标志物，预测个体对有害成分的暴露情况。

5.3.1   材料与方法

5.3.1.1   试剂与耗材

超纯水（电阻率≥18.2 MΩ·cm）；甲醇（色谱纯，美国 J. T. Baker 公司）；醋酸铵、甲酸（色谱纯，美国 TEDIA 公司）；ATCA、$^{13}C\text{-}^{14}N_2$-ATCA、SPMA、d5-SPMA、DHBMA、MHBMA、d7-DHBMA、d6-MHBMA、3-HPMA、3-HMPMA、d3-3-HPMA、d3-3-HMPMA（色谱纯，加拿大 TRC 试剂公司）；2-CEMA、d3-2-CEMA、2-HEMA、d3-2-HEMA、AAMA、 d4-AAMA、GAMA、d3-GAMA。

API 4000 液相色谱-质谱联用仪(美国 AB SCIEX 公司);Agilent 1200 高效液相色谱仪(美国安捷伦公司);Milli-Q50 超纯水仪(美国 Millipore 公司);KQ-700DE 数控超声波清洗器(昆山市超声仪器有限公司);CP2245 电子天平(感量 0.0001 g,德国 Sartorius 公司)。

5.3.1.2　样品前处理方法

尿液收集后储存于−80 ℃冰柜中。分析之前将尿液完全解冻,混合均匀,用 0.22 μm 水相滤膜过滤,移取尿样 200 μL,加入 50 μL 一级混合内标溶液,加入 750 μL 0.1%甲酸水溶液,混匀后,进行 HPLC-MS/MS 分析。

5.3.1.3　仪器分析方法

色谱柱:Waters Atlantis T3 色谱柱(2.1 mm×150 mm,3 μm)。
柱温:室温。
进样体积:10 μL。
流动相为 0.1%甲酸水溶液(A)和乙腈(B)。
巯基尿酸类生物标志物梯度洗脱条件如表 5-6 所示。

表 5-6　巯基尿酸类生物标志物梯度洗脱条件

时间/min	流速/(μL/min)	流动相 A/(%)	流动相 B/(%)
0	250	97	3
2	250	95	5
3	300	90	10
5	300	70	30
6.5	300	60	40
7	300	50	50
8	300	50	50
9	300	20	80
13	300	20	80
14	300	97	3
23	300	97	3

质谱条件如下。

离子源:ESI(一)。

CUR:30 psi。

GS1:60 psi。

GS2:60 psi。

干燥温度:500 ℃。

电喷雾电压:—5000 V。

扫描时间:100 ms。

扫描模式:MRM 模式。

巯基尿酸类生物标志物的 MRM 参数如表 5-7 所示。

表 5-7 巯基尿酸类生物标志物的 MRM 参数

化合物	保留时间/min	定量离子对(m/z)	DP/V	CE/V
MHBMA	7.93	232/103	—49	—15
3-HPMA	7.44	220/91	—45	—17
3-HMPMA	8.22	234/105	—44	—18
SPMA	10.67	238/109	—42	—13
DHBMA	6.44	250/121	—44	—19
2-CEMA	7.61	234/105	—40	—18
2-HEMA	5.02	206/77	—40	—18
AAMA	4.78	233/104	—40	—18
GAMA	3.24	249/120	—38	—19
ATCA	1.78	145/67	—40	—18
d6-MHBMA	7.92	238/109	—50	—17
d3-3-HPMA	7.43	223/91	—37	—18
d3-3-HMPMA	8.21	237/105	—48	—19
d5-SPMA	10.34	243/114	—44	—14
d7-DHBMA	6.32	257/128	—42	—20
d3-2-CEMA	7.60	237/105	—40	—18

续表

化合物	保留时间/min	定量离子对（m/z）	DP/V	CE/V
d3-2-HEMA	5.00	210/81	−40	−18
d4-AAMA	4.73	237/108	−40	−18
d3-GAMA	3.22	252/120	−38	−19
$^{13}C^{-14}N_2$-ATCA	1.78	148/70	−40	−18

5.3.2　结果与讨论

5.3.2.1　线性范围、工作曲线和相关系数

大鼠尿液样品中巯基尿酸类生物标志物的 MRM 色谱图如图 5-3 所示。

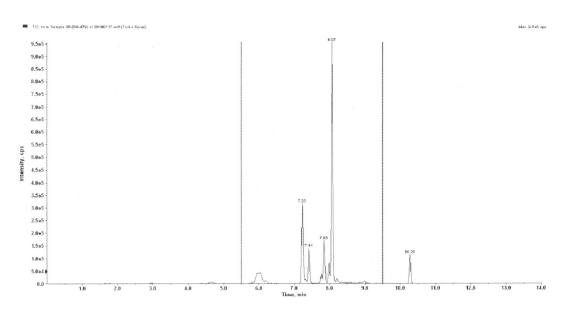

图 5-3　大鼠尿液样品中巯基尿酸类生物标志物的 MRM 色谱图

采用内标法定量，以各目标物的色谱峰面积与内标峰面积之比对各目标物浓度进行线性回归分析，得到各目标物的线性回归方程及相关系数，如表 5-8 所示。

表 5-8　巯基尿酸类生物标志物的线性回归方程及相关系数

目标物	浓度范围/(ng/mL)	线性回归方程	相关系数
ATCA	5～200	$Y=0.012X+0.00628$	0.9985
GAMA	0.25～10	$Y=0.1375X+0.00672$	0.9990
AAMA	1～40	$Y=0.586X+0.0223$	0.9999
HEMA	3.1～122	$Y=0.0921X+0.0172$	0.9995
DHBMA	5～200	$Y=0.0143X+0.0573$	0.9999
HPMA	12.5～500	$Y=0.0763X+0.157$	0.9991
CEMA	12.5～500	$Y=0.0153X+0.00333$	0.9999
MHBMA	0.5～20	$Y=0.0134X-0.00203$	0.9993
HMPMA	10～400	$Y=0.001175X+0.379$	0.9968
SPMA	0.15～6	$Y=0.093X-0.00148$	0.9999

5.3.2.2　大鼠尿液样品中巯基尿酸类生物标志物分析

对所有大鼠尿液样品中的巯基尿酸类生物标志物浓度进行分析,分析结果如表 5-9 所示。由表中结果可以看出,空白组中均可检测到各种巯基尿酸类生物标志物,这是由于挥发性有机化合物来源广泛,体内会存在这些化合物的代谢产物。与相同暴露时间的空白组样品相比,不同暴露时间的模型组、2 号卷烟组 HEMA、MHBMA、HPMA、HMPMA、CEMA、SPMA 等化合物的浓度显著增加,这说明吸烟可以增加丙烯腈、1,3-丁二烯、丙烯醛、巴豆醛和苯的暴露量,与人实际吸烟情况一致。随着暴露时间的增加,暴露组尿液样品中巯基尿酸类生物标志物浓度没有明显变化,这可能是由于尿液反映的是短期暴露水平,没有累积效应。不同时间各尿液样品的不同组别间的巯基尿酸类生物标志物浓度均无显著性差异($P>0.05$)。

表 5-9　大鼠尿液样品中巯基尿酸类生物标志物浓度(ng/mL)

化合物	分组	1 个月	3 个月	6 个月	12 个月
ATCA	空白组	940.77±237.61	1039.06±128.74	985.51±207.01	1011.70±183.51
	模型组	969.37±107.88	950.20±122.70	883.83±150.04	882.79±58.22
	2 号卷烟组	926.51±150.12	988.51±247.00	946.94±237.45	966.67±211.75

续表

化合物	分组	1 个月	3 个月	6 个月	12 个月
GAMA	空白组	28.40±9.21	28.81±10.11	29.29±6.62	29.26±5.80
	模型组	26.35±5.82	27.75±6.25	24.39±5.37	24.87±5.32
	2 号卷烟组	27.12±5.51	29.29±5.67	24.52±5.25	28.24±5.20
AAMA	空白组	115.03±38.03	115.50±18.82	134.11±27.01	117.66±27.10
	模型组	151.80±47.29	158.51±41.60	154.38±30.42	144.48±23.83
	2 号卷烟组	138.12±18.95	127.91±34.69	138.37±20.77	146.00±34.60
HEMA	空白组	547.16±252.09	510.15±101.54	517.37±91.32	506.99±59.91
	模型组	1493.61±786.51	1415.00±242.35	1396.36±430.75	1478.08±315.61
	2 号卷烟组	1483.30±177.36	1332.39±413.95	1397.07±399.67	1416.78±343.37
DHBMA	空白组	815.45±283.65	872.23±223.89	754.71±186.21	727.81±136.64
	模型组	1035.75±156.78	1085.77±225.66	992.26±262.58	1090.00±163.92
	2 号卷烟组	980.91±258.16	990.39±304.56	912.78±276.26	890.00±103.08
MHBMA	空白组	14.34±3.90	14.06±1.35	14.38±3.87	15.31±2.49
	模型组	102.57±16.05	86.78±13.63	99.57±25.83	83.54±18.36
	2 号卷烟组	94.15±27.80	88.55±27.21	87.56±14.85	93.21±28.40
HPMA	空白组	2473.21±878.86	2577.16±498.48	2445.37±610.10	2480.02±468.47
	模型组	3565.46±922.27	3709.69±790.57	3668.94±546.29	3628.54±1117.69
	2 号卷烟组	3378.63±507.80	3579.67±1053.09	2957.49±884.99	3354.58±907.23
CEMA	空白组	2910.54±841.94	2863.01±734.45	2673.76±428.73	2844.49±345.04
	模型组	3980.70±658.50	3854.90±1426.20	4059.39±110.38	3790.80±557.14
	2 号卷烟组	3735.34±938.74	3987.10±1122.31	3929.66±1095.57	3538.53±60.99
HMPMA	空白组	358.34±133.17	344.84±91.45	329.67±73.53	345.30±58.46
	模型组	632.65±193.27	612.34±117.74	671.63±142.99	655.36±107.60
	2 号卷烟组	600.85±95.30	604.32±146.76	615.50±153.95	606.93±71.90
SPMA	空白组	3.27±1.69	3.44±0.74	3.91±0.63	3.75±0.47
	模型组	20.26±5.40	17.37±3.78	22.79±5.40	18.30±4.48
	2 号卷烟组	21.46±3.27	19.36±4.32	20.74±6.32	19.08±3.56

5.4　烟草特有亚硝胺暴露评估研究

由于烟草特有亚硝胺(TSNAs)主要存在于烟草制品中,这些化合物作为卷烟烟气暴露的评价标准和生物标志物具有较高的应用价值。NNK 的主要代谢产物为 4-(甲基亚硝胺)-1-(3-吡啶)-1-丁醇(NNAL),NNAL 与葡萄糖苷酸发生结合反应后,随尿液排出。NNAL 与 NNAL-葡萄糖苷酸的总量,称为总 NNAL,是 NNK 的生物标志物,也常作为评估 TSNAs 暴露的生物标志物。NNN 是降烟碱发生亚硝化反应后形成的,NNN 与 NNN-葡萄糖苷酸的总量,即总 NNN,可作为降烟碱的生物标志物。目前仅有少量文献报道了 NNN 暴露生物标志物的分析,NAB 和 NAT 的生物标志物研究也很少,主要是尿液中这些化合物原型物的分析。

5.4.1　材料与方法

5.4.1.1　试剂与耗材

NNN、NAB、NAT、NNAL、d4-NNN、d4-NAB、d4-NAT、d3-NNAL(纯度＞98％,加拿大 TRC 试剂公司);超纯水(电阻率≥18.2 MΩ·cm);甲醇(色谱纯,美国 J. T. Baker 公司);乙腈(色谱纯);甲酸、甲酸铵(色谱纯,美国 TEDIA 公司);β-葡萄糖醛酸酶(德国 Sigma 公司)。

分子印迹固相萃取柱(美国 Supelco 公司);API 5500 液相色谱-质谱联用仪(美国 AB SCIEX 公司);CP2245 电子天平(感量 0.0001 g,德国 Sartorius 公司);PHSJ-4A pH 计(上海仪电科学仪器股份有限公司);Vac Elut SPE 24 固相萃取装置;Sigma 3-15 离心机(德国 Sigma 公司);N-EVAP-112 氮吹仪(美国 Organomation 公司);THS-10 精密型超级恒温槽(宁波天恒仪器厂);Milli-Q50 超纯水仪(美国 Millipore 公司)。

5.4.1.2　样品前处理方法

将预先收集的尿样解冻至室温,取 1 mL 于玻璃瓶中,依次加入 2 mL 乙酸钠-乙酸缓冲

液(pH＝5±0.1)和 10 μL β-葡萄糖醛酸酶,混合均匀后放入恒温槽中,在 37 ℃下避光酶解
16 h。

酶解后的尿样中,加入二级混合内标溶液 10 μL,然后转移到用 1 mL 甲醇和 1 mL 水
活化的分子印迹固相萃取柱上,上样后控制流速约为 0.5 mL/min,将分子印迹固相萃取柱
上的水分抽干。然后用 1 mL 10 mmol/L 乙酸铵溶液淋洗,采用固相萃取仪真空抽气 20
min,再用 1 mL 正庚烷淋洗,真空抽气 20 min,除去正庚烷。最后用 3 mL 甲醇/二氯甲烷
溶液(体积比为 1/9)洗脱,洗脱液在氮吹仪上吹干,用 100 μL 乙腈复溶,进行 HPLC-MS/
MS 分析。

5.4.1.3　仪器分析方法

色谱柱:Agilent HILIC Silica 色谱柱(3.0 mm×100 mm,3.0 μm)。
柱温:30 ℃。
进样体积:5 μL。
流速:0.30 mL/min。
流动相:A——10 mmol/L 甲酸铵溶液,B——乙腈,A:B＝4:96。
洗脱方式:等度洗脱。
洗脱时间:10 min。
质谱条件如下。
离子源:ESI(＋)。
扫描模式:MRM 模式。
电喷雾电压:5500 V。
GS1:455 kPa。
CUR:241 kPa。
CAD:48 kPa。
TSNAs 生物标志物的 MRM 参数如表 5-10 所示。

表 5-10　TSNAs 生物标志物的 MRM 参数

分析物	Q_1 mass/amu	Q_3 mass/amu	CE/V
NNN	178.2	148.1	15
	178.2	120.1	18
NAT	190.1	160.0	14
	190.1	106.1	18

续表

分析物	Q_1 mass/amu	Q_3 mass/amu	CE/V
NAB	192.1	161.8	15
	192.1	132.9	19
NNAL	210.1	180.1	14
	210.1	90.0	18
d4-NNN	182.2	152.1	16
	182.2	124.1	19
d4-NAT	194.1	164.0	15
	194.1	110.1	18
d4-NAB	196.1	166.0	15
	196.1	136.1	20
d3-NNAL	213.1	183.1	16

5.4.2 结果与讨论

5.4.2.1 线性范围和相关系数

大鼠尿液样品中烟草特有亚硝胺生物标志物的 MRM 色谱图如图 5-4 所示。

采用内标法定量,以各目标物的色谱峰面积与内标峰面积之比对各目标物浓度进行线性回归分析,得到各目标物的线性回归方程及相关系数,相关系数如表 5-11 所示。

表 5-11　烟草特有亚硝胺生物标志物的相关系数

目标物	浓度范围/(ng/mL)	相关系数
NNN	0.076~7.6	0.9986
NAT	0.1~10	0.9991
NAB	0.1~10	0.9987
NNAL	0.1~10	0.9964

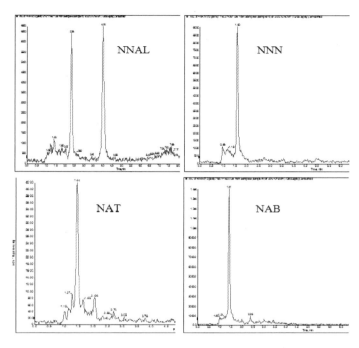

图 5-4　大鼠尿样中 NNAL、NNN、NAT 和 NAB 的 MRM 色谱图

5.4.2.2　大鼠尿液样品中 TSNAs 生物标志物分析

对所有大鼠尿液样品中的 TSNAs 生物标志物浓度进行分析,分析结果如表 5-12 所示。由表中结果可以看出,与相同暴露时间的空白组样品相比,不同暴露时间的模型组、2号卷烟组烟草特有亚硝胺暴露水平显著增加,说明吸烟显著增加烟草特有亚硝胺暴露量。同一暴露时间的不同组大鼠尿液样品中的总 NNAL、总 NNN、总 NAT 浓度无显著性差异($P>0.05$),同一组别随暴露时间变化也无显著性差异。

表 5-12　大鼠尿样中 TSNAs 生物标志物浓度(pg/mL,$n=6$)

生物标志物	分组	1 个月	3 个月	6 个月	12 个月
	空白组	nd	nd	nd	nd
总 NNAL	模型组	4.14±1.28	4.62±1.09	4.22±1.18	4.83±1.22
	2 号卷烟组	4.65±0.85	5.21±1.04	4.35±1.28	4.89±1.02
	空白组	nd	nd	nd	nd
总 NNN	模型组	14.91±4.89	13.97±2.75	13.37±4.53	14.73±4.25
	2 号卷烟组	13.45±3.01	13.26±5.43	14.65±3.66	14.99±2.70

续表

生物标志物	分组	1 个月	3 个月	6 个月	12 个月
总 NAT	空白组	nd	nd	nd	nd
	模型组	7.41±1.49	7.75±1.65	8.15±1.36	8.01±1.53
	2 号卷烟组	7.23±1.15	7.56±0.93	8.24±0.45	7.96±1.70

注:nd 表示未检出。

5.5 卷烟短时间暴露代谢组学研究

5.5.1 材料与方法

5.5.1.1 试剂与仪器

LC-MS 级乙腈和 HPLC 级甲醇购自美国 ThermoFisher 公司,甲酸(纯度 98%)购自比利时 Acros 公司,亮氨酸-脑啡肽(leucine-enkephalin,LE)标准品购自德国 Sigma 公司,LPC(16:0)、LPC(18:0)购自 Avanti Polar Lipids 公司,花生四烯酸、亚油酸、油酸、棕榈油酸、棕榈酸、甲基马尿酸购自 Sigma-Aldrich 公司,柠檬酸(分析纯)购自北京某化学试剂公司。超纯水由本实验室 Milli-Q50 超纯水仪制备。1 号卷烟和 2 号卷烟均由江西中烟工业有限责任公司提供。

Waters Acquity 超高效液相色谱系统配备二元高压梯度泵、可控温自动进样器(最低 4 ℃)和二极管阵列检测器。Waters 飞行时间质谱仪配有 ESI 电离源接口。

5.5.1.2 动物实验与样本前处理

1. 动物实验

将 90 只 Wistar 大鼠分成 3 组——对照组(不暴露于烟气中)、1 号卷烟组和 2 号卷烟组,每组 30 只,每组再分成 3 个小组,每个小组 10 只,分别烟气暴露 7 天、14 天和 30 天。

每只大鼠每天分别暴露 20 min,控制卷烟烟气遮光率为 70％,控制温度为(22±2) ℃,湿度保持在 21％±0.5％,氧气浓度保持在 21％±0.5％,压力为(101 325±40) Pa。在烟气暴露 7 天、14 天及 30 天时,给大鼠称重,在代谢笼中收集大鼠 24 h 的尿液,经麻醉后在肝门静脉处取血 6～8 mL,同时收集大鼠肺组织。将大鼠静脉取血放入经肝素钠处理过的 10 mL 离心管中,迅速在 3000 r/min 下离心 10 min,取上层血浆。大鼠肺组织用生理盐水洗净并用滤纸吸干水分。将所得各生物样本在−80 ℃下保存。

2. 生物样本前处理

血浆及尿液样本:取冻融后的生物样本(血浆、尿液)100 μL,加入 400 μL 甲醇,涡旋 1 min,充分混匀以沉淀蛋白,在 4 ℃下以 13 000 r/min 离心 15 min,取上清液并加入 300 μL 超纯水稀释,用 0.22 μm 滤膜过滤。

血浆及尿液 QC 样本的制备:将烟气暴露 14 天的所有待测大鼠血浆样本取出等量部分混合均匀后,按样本处理方法处理;尿液 QC 样本的制备同血浆 QC 样本。

肺组织样本:取冻融后的肺组织样本,按 1∶3(g/mL)加入生理盐水进行匀浆。取 200 μL 匀浆液,加入 600 μL 甲醇,涡旋 2 min,在 4 ℃下以 10 000 r/min 离心 15 min,取上清液用 0.22 μm 滤膜过滤。

肺组织 QC 样本的制备:将烟气暴露 14 天的所有待测大鼠肺组织匀浆液取出等量部分混合均匀后,按样本处理方法处理。

3. UPLC/Q-TOF-MS 测定条件

色谱分离采用 Waters Acquity BEH C18 反相柱(2.1 mm×100 mm,1.7 μm),柱温为 40 ℃,流速为 0.4 mL/min。自动进样器温度设定为 4 ℃,每次进样 4 μL。流动相组成为 A(乙腈)、B(0.1％甲酸溶液)。采用梯度洗脱方式洗脱样本。

质谱采用电喷雾离子源,分析采用负离子模式。检测参数设置如下:毛细管电压为 2.5 kV,锥孔电压为 60 V,离子源温度为 60 ℃,脱溶剂温度为 300 ℃,脱溶剂气体流速为 700 L/h,锥孔气体流速为 50 L/h,扫描时间为 0.1 s,扫描间隔为 0.02 s。准确质量测定采用 2 ng/mL 亮氨酸-脑啡肽溶液为锁定质量校准液,进行实时质量校准,质量校准选择"DRE"模式,流速为 2 μL/min。质量轴校准采用甲酸钠溶液(0.05 mol/L)进行。

5.5.1.3　数据处理与模式识别

1. 色谱数据的提取和前处理

采用 Waters 公司的 MarkerLynx 软件进行色谱峰自动识别和匹配,得到全谱数据的 loading 图。然后将所得数据导入 SIMCA-P 软件,先进行 mean-centering 以及 Pareto-scaling 处理,以减少大面积的色谱峰对分析带来的偏差,随后进行模式识别。两组间差异

用 t 检验分析，$P < 0.05$ 认为有显著性差异。

2. 多元统计分析

首先采用非监督的 PCA 方法观察检测样本的自然聚集、离散状态以及离群点。为进一步区分烟气暴露组和对照组的组间差异，采用有监督的 PLS-DA 来判定造成这种聚集和离散的主要差异变量，根据变量权重值(variable importance in the projection，VIP)找到与烟气暴露损伤密切相关的差异代谢潜在生物标志物，并将由血样、尿样和肺组织样本代谢轮廓谱分析得到的生物标志物进行整合，运用神经模糊网络模型对标志物进行缩减，并用人工神经网络评价模型预测能力，确定烟气暴露不同时间(7 天、14 天和 30 天)，与不同烟气暴露对大鼠内源性代谢物变化影响"因果效应"密切相关的关键生物标志物群。

3. 差异表达代谢物的鉴定

根据得到的差异标志物的精确分子量，通过检索软件与公认的数据库(如 HMDB)对其进行鉴定，部分标志物可用标准品进行验证。

5.5.2 结果与讨论

5.5.2.1 吸烟对大鼠体重的影响

各组大鼠在不同时期的体重变化如图 5-5 所示，两吸烟组大鼠的体重增长明显减缓，与对照组相比具有显著性差异。至实验后期，1 号卷烟组的差异更为显著。这表明吸烟对大鼠体重增长有显著的抑制作用，1 号卷烟的抑制作用更显著。

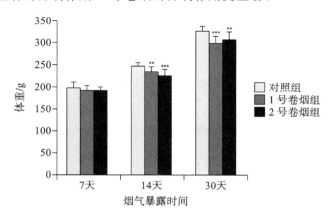

图 5-5　各组大鼠在不同时期的体重变化

($\ast\ast\ P < 0.01$，$\ast\ast\ast\ P < 0.001$，与对照组相比)

5.5.2.2　数据采集条件的选择

在分析之前分别用 QC 样本考察了血样、尿样和肺组织样本在质谱正、负离子模式下的响应情况。结果发现,各样本在正离子模式下基线本底较高,使灵敏度降低,导致低丰度化合物检测不到。与正离子模式相比,负离子模式能提供更丰富的信息,如图 5-6 所示。因此,为尽可能检测到更多的离子,本研究采用负离子模式。

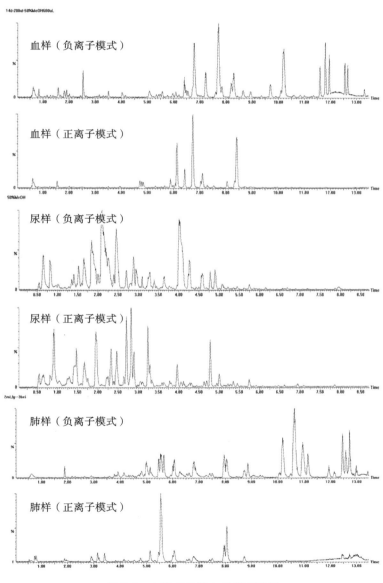

图 5-6　大鼠 QC 样本的总离子流

5.5.2.3　各生物样本 UPLC/Q-TOF-MS 色谱图的建立及分析方法学考察

为了保证分析方法的可靠性,在实际样本分析过程中,穿插了 6 个 QC 样本,从各样本的 BPI 图中选取 8 个色谱峰,统计保留时间(t_R)和峰强度的变化情况,考察方法和样本的稳定性。QC 样本的 BPI 图如图 5-7 所示,分析方法学考察结果如表 5-13 所示。考察结果显示各色谱峰的保留时间 RSD 在 0.03%～0.63%之间,峰强度 RSD 在 3.01%～6.90%之间,均小于 10%,仪器的精密度及化合物的稳定性符合代谢组学研究的要求。

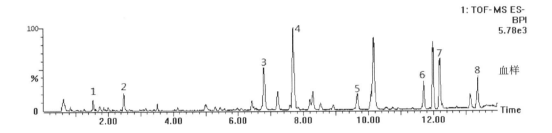

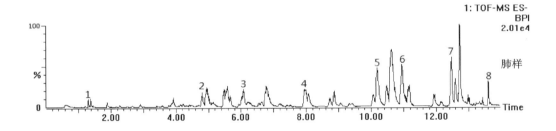

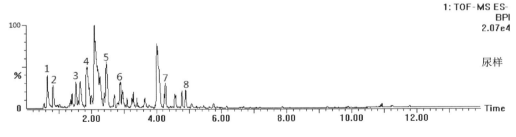

图 5-7　QC 样本的 BPI 图

表 5-13　分析方法学考察结果

序号	质荷比	QC-1 t_R/min	QC-1 峰强度	QC-2 t_R/min	QC-2 峰强度	QC-3 t_R/min	QC-3 峰强度	QC-4 t_R/min	QC-4 峰强度	QC-5 t_R/min	QC-5 峰强度	QC-6 t_R/min	QC-6 峰强度	RSD/(%) t_R	RSD/(%) 峰强度
血-1	203.0740	1.529	747	1.531	722	1.529	786	1.526	731	1.530	714	1.524	726	0.17	3.54
血-2	201.0147	2.477	1204	2.469	1287	2.471	1314	2.473	1247	2.476	1188	2.472	1176	0.12	4.54
血-3	564.3304	6.792	2973	6.794	3148	6.788	3026	6.792	2741	6.782	2937	6.785	2858	0.07	4.74
血-4	540.3226	7.679	5782	7.673	5967	7.682	5628	7.684	6112	7.671	5832	7.673	5694	0.08	3.06
血-5	568.3497	9.656	1112	9.663	1033	9.657	1068	9.655	1136	9.649	1024	9.651	1087	0.07	4.08
血-6	327.2262	11.698	1978	11.721	2021	11.673	1896	11.682	2035	11.688	2066	11.718	2084	0.17	3.39
血-7	279.2252	12.180	3581	12.194	3652	12.166	3528	12.177	3446	12.197	3698	12.221	3733	0.16	3.01
血-8	281.2399	13.358	2316	13.364	2287	13.341	2360	13.349	2198	13.366	2364	13.372	2446	0.09	3.59
肺-1	723.5242	1.304	2104	1.309	2188	1.298	2234	1.301	2021	1.307	1986	1.297	1882	0.37	6.37
肺-2	522.2778	4.801	3542	4.798	3468	4.806	3620	4.803	3314	4.811	3248	4.813	2983	0.12	6.90
肺-3	873.6254	6.073	4436	6.071	4386	6.069	4177	6.078	4238	6.070	4116	6.067	3854	0.06	4.98
肺-4	961.6910	7.977	4364	7.981	4438	7.978	4586	7.967	4467	7.954	4733	7.956	4951	0.15	4.77
肺-5	327.2047	10.179	9562	10.181	9973	10.174	9232	10.177	9511	10.184	8996	10.182	9108	0.04	3.82
肺-6	279.2018	10.947	10382	10.946	9726	10.952	10063	10.959	10253	10.948	9621	10.954	9134	0.05	4.69
肺-7	255.1998	12.465	12043	12.464	12864	12.471	11793	12.469	12339	12.462	12167	12.468	12011	0.03	3.04
肺-8	283.2337	13.602	6263	13.599	6472	13.608	6188	13.611	5962	13.601	5748	13.605	5688	0.03	5.08

续表

序号	质荷比	QC-1		QC-2		QC-3		QC-4		QC-5		QC-6		RSD/(%)	
		t_R/min	峰强度	t_R/min	峰强度	t_R/min	峰强度	t_R/min	峰强度	t_R/min	峰强度	t_R/min	峰强度	t_R	峰强度
尿-1	191.0250	0.650	8217	0.652	8523	0.647	8177	0.651	8480	0.652	7873	0.649	7683	0.30	4.06
尿-2	191.0195	0.811	5857	0.804	6213	0.805	5657	0.810	5936	0.813	5433	0.811	5521	0.45	5.02
尿-3	261.0107	1.522	6557	1.520	6836	1.516	6214	1.518	6536	1.524	6213	1.518	6360	0.19	3.72
尿-4	173.0020	1.862	10341	1.851	9764	1.855	11263	1.870	10884	1.882	9632	1.874	9725	0.63	6.65
尿-5	242.0238	2.461	11642	2.459	11216	2.462	10874	2.461	12004	2.460	11217	2.458	10918	0.06	3.86
尿-6	192.0670	2.884	6638	2.876	6557	2.881	6884	2.892	6631	2.879	6279	2.887	6344	0.20	3.35
尿-7	297.0860	4.281	6329	4.279	6537	4.288	6442	4.286	6137	4.281	6044	4.277	5988	0.10	3.57
尿-8	357.1102	4.894	4533	4.883	4327	4.899	4776	4.892	4376	4.889	4189	4.902	4206	0.14	5.05

5.5.2.4　烟气暴露大鼠血浆、尿液和肺组织的代谢轮廓谱变化分析

首先采用 PCA 方法对对照组、1 号卷烟组、2 号卷烟组大鼠的血浆、尿液和肺组织样本的代谢轮廓谱数据按不同暴露时间分别进行模式识别。从结果来看,虽然对照组跟吸烟组基本能分开,但是组内样本离散较为严重,说明组内的个体差异较大,因此,进一步采用 PLS-DA 对各组样本进行判别分析。PLS-DA 是一种有监督的模式识别方法,可以鉴别不同逻辑组内的代谢差异,从而可以更好地找出与吸烟密切相关的代谢途径变化。PLS-DA 模式识别结果显示,各样本组内聚集情况较好,组间也能得到较好的分离。以烟气暴露 7 天大鼠血浆样本为例,如图 5-8 所示,在 PCA 模式下,样本较为离散,且 1 号卷烟组和 2 号卷烟组不能有效地分离,经 PLS-DA 模式识别后,组内样本更为聚集,且组间分离情况较好。

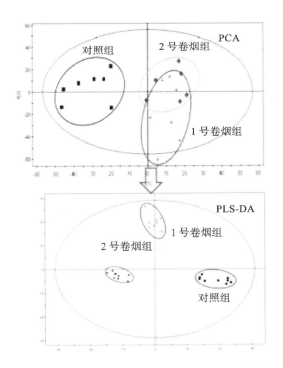

图 5-8　烟气暴露 7 天大鼠血浆样本 PCA 与 PLS-DA 模式识别比较

将所有样本用 PLS-DA 模式进行识别分组,结果如图 5-9 所示。从结果来看,血浆样本和肺组织样本组内聚集情况均较好,而尿液样本的同组样本离散程度较高,可能是因为尿液相比于血浆和肺组织,个体代谢差异更为显著。对血浆、尿液和肺组织代谢轮廓谱进行分析,对照组与两吸烟组均有较好的分离,说明吸烟对机体的代谢有一定影响,造成代谢

紊乱,2号卷烟组与1号卷烟组组间也有较好的分离,说明两种卷烟对机体的影响有一定的差异。

随着烟气暴露时间的增加,血浆样本和尿液样本中2号卷烟组与对照组逐步靠拢,而1号卷烟组与对照组则始终保持一定的分离,说明在长期作用下,添加天然本草提取物的2号卷烟对机体受到的损伤有一定的保护作用,可使机体从损伤中逐渐恢复。但是在肺组织中,随着烟气暴露时间的增加,组间一直保持着一定的分离,2号卷烟组不像在血浆和尿液样本中那样有明显的向对照组靠拢的趋势,说明肺组织作为烟气进入体内的直接作用靶器官,受到的损害更为明显。该结果跟美国健康研究所的研究报告相符,在大量流行病学研究结果的基础上,他们认为与抽吸没有用过滤嘴的卷烟或高焦油卷烟的烟民相比,抽吸用过滤嘴的卷烟或低焦油卷烟烟民的肺癌和心脏病发病率有显著差异,但是慢性肺部疾病无差异[13]。

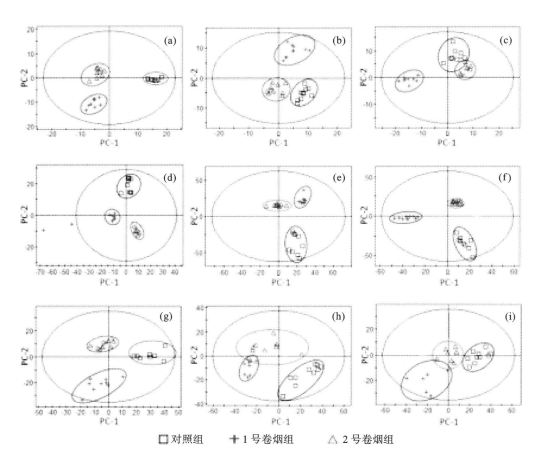

图 5-9　烟气暴露大鼠各时期样本 PLS-DA 分析结果

(a)第 7 天血浆;(b)第 14 天血浆;(c)第 30 天血浆;(d)第 7 天肺组织;(e)第 14 天肺组织;

(f)第 30 天肺组织;(g)第 7 天尿液;(h)第 14 天尿液;(i)第 30 天尿液

5.5.2.5　潜在生物标志物的鉴定及分析

1. 生物标志物的鉴定及相关代谢意义

根据 PLS-DA 分析中的 VIP 值,筛选各组中具有明显差异的化合物(VIP>1),结果在各组中找到了 25 种具有差异的化合物。运用 MarkerLynx 软件对色谱图进行分析,运用 MassLynx 软件中的 i-Fit 功能,对所筛查到的具有差异的代谢物进行分析,计算其可能的分子式,然后结合得到的质荷比,在数据库 KEGG 和 HMDB 中检索结构信息,结果如表 5-14 所示。

在各样本中,血浆和肺组织样本中得到的生物标志物以磷脂代谢及脂肪酸代谢为主,而尿液样本中得到的大多是一些与能量代谢和氧化损伤相关的标志物。烟气中含有大量自由基,会对机体造成较为严重的氧化损伤。在所得生物标志物中,16(R)-羟基花生四烯酸、二十二碳五烯酸、去氢抗坏血酸、3-羟基-3-甲基-2-羟基吲哚、硫酸吲哚酚、甲酚硫酸盐和甲基马尿酸均与氧化损伤相关。其中,16(R)-羟基花生四烯酸是花生四烯酸氧化的产物,机体处于氧化应激状态时,16(R)-羟基花生四烯酸水平在肺组织中会显著上升,同时其水平也与炎症反应发生相关;二十二碳五烯酸是脂肪酸氧化的产物,其水平降低跟多种疾病的发生密切相关,如冠心病、糖尿病;甲基马尿酸是脂肪酸 β 氧化的产物。在血浆和肺组织样本中得到了多种与磷脂代谢相关的生物标志物,已有文献报道吸烟会引起磷脂降解[2],体内磷脂代谢异常可能跟烟气中氧化性物质的吸入对机体细胞膜、脂蛋白等产生影响有关[14-16],而磷脂代谢异常会增加心血管疾病的风险。花生四烯酸是心血管疾病的重要标志物之一[17],同时也是机体发生炎症反应的重要标志物之一[2],而炎症的发生跟心血管疾病、癌症等疾病有显著相关性[18,19]。在尿液样本中得到了一些与能量代谢相关的标志物,其中,磷酸胍基乙酸是体内合成肌酸的主要内源性物质,而肌酸是细胞内能量代谢的重要分子和能量暂时存储的场所[20]。磷酸胍基乙酸和柠檬酸在体内水平降低说明吸烟对大鼠的能量代谢有一定的影响。

表 5-14　烟气暴露大鼠体内重要差异生物标志物的鉴定结果

标志物	t_R/min	特征离子	代谢物(趋势)	代谢通路
血-1	10.18	568.3645[M+FA-H]⁻	LPC(18:0)(↓)*	磷脂代谢
血-2	12.01	303.2310[M-H]⁻	花生四烯酸(↑)*	花生四烯酸代谢
血-3	7.69	540.3335[M+FA-H]⁻	LPC(16:0)(↓)*	磷脂代谢
血-4	6.81	564.3347[M+FA-H]⁻	LPC(18:2)(↓)	磷脂代谢
血-5	13.39	281.2439[M-H]⁻	油酸(↑)*	脂肪酸代谢

标志物	t_R/min	特征离子	代谢物（趋势）	代谢通路
血-6	12.22	279.2301[M−H]⁻	亚油酸（↑）*	亚油酸代谢
血-7	6.82	588.3351[M+FA−H]⁻	LPC(20∶4)（↓）	磷脂代谢
肺-1	10.20	327.2044[M−H]⁻	二十二碳六烯酸（↑）	—
肺-2	10.97	279.1994[M−H]⁻	亚油酸（↑）*	亚油酸代谢
肺-3	10.64	303.2010[M−H]⁻	花生四烯酸（↑）*	花生四烯酸代谢
肺-4	12.73	281.2137[M−H]⁻	油酸（↑）*	脂肪酸代谢
肺-5	5.56	540.3317[M+FA−H]⁻	LPC(16∶0)（↓）*	磷脂代谢
肺-6	5.46	452.2634[M−2H]²⁻	LysoPE(16∶0/0∶0)（↑）	磷脂代谢
肺-7	5.67	319.1999[M−H]⁻	16(R)-羟基花生四烯酸（↑）	花生四烯酸代谢
肺-8	12.45	255.1971[M−H]⁻	棕榈酸（↑）*	脂肪酸代谢
肺-9	10.06	253.1779[M−H]⁻	棕榈油酸（↑）*	脂肪酸代谢
肺-10	11.16	329.2202[M−H]⁻	二十二碳五烯酸（↓）	脂肪酸代谢
肺-11	6.06	436.2659[M−2H]²⁻	甘油磷脂(18∶3/20∶3)（↓）	磷脂代谢
尿-1	0.65	191.0239[M−H]⁻	柠檬酸（↓）*	能量代谢
尿-2	1.88	172.9904[M−H]⁻	去氢抗坏血酸（↑）	—
尿-3	2.49	242.0116[M+FA−H]⁻	磷酸胍基乙酸（↓）	精氨酸、脯氨酸代谢
尿-4	2.49	162.0509[M−H]⁻	3-羟基-3-甲基-2-羟基吲哚（↓）	色氨酸代谢
尿-5	2.16	212.0020[M−H]⁻	硫酸吲哚酚（↑）	—
尿-6	2.95	187.0052[M−H]⁻	甲酚硫酸盐（↓）	—
尿-7	2.88	192.0706[M−H]⁻	甲基马尿酸（↑）*	脂肪酸β氧化

注：t_R 为保留时间；"↑"表示代谢物浓度升高，"↓"表示代谢物浓度降低，均为烟气暴露第 7 天时吸烟组与对照组相比；"*"表示用标准品鉴定。

2. 重要生物标志物在各组大鼠中含量变化分析

图 5-10、图 5-11 和图 5-12 分别列出了在不同烟气暴露时期血浆样本、肺组织样本和尿液样本中的生物标志物在三组大鼠中的相对含量变化。烟气暴露 7 天时，跟对照组相比，1号卷烟组和 2 号卷烟组大鼠体内的各标志物大多具有显著性差异，说明 1 号卷烟和 2 号卷烟均会对机体造成损伤。

烟气暴露 14 天时，跟对照组相比，1 号卷烟组大鼠体内的各生物标志物水平显著升高或降低，表明 1 号卷烟对大鼠代谢产生显著影响。1 号卷烟与 2 号卷烟对机体造成的损伤

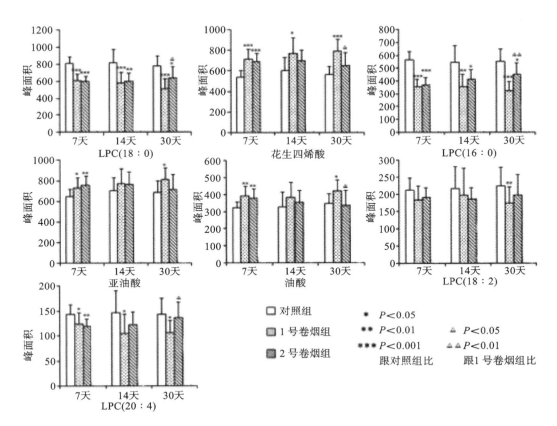

图 5-10　在不同烟气暴露时期血浆样本生物标志物在三组大鼠中的相对含量变化

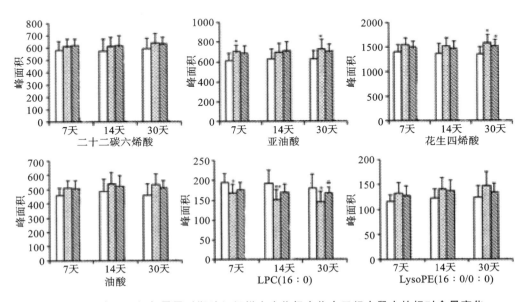

图 5-11　在不同烟气暴露时期肺组织样本生物标志物在三组大鼠中的相对含量变化

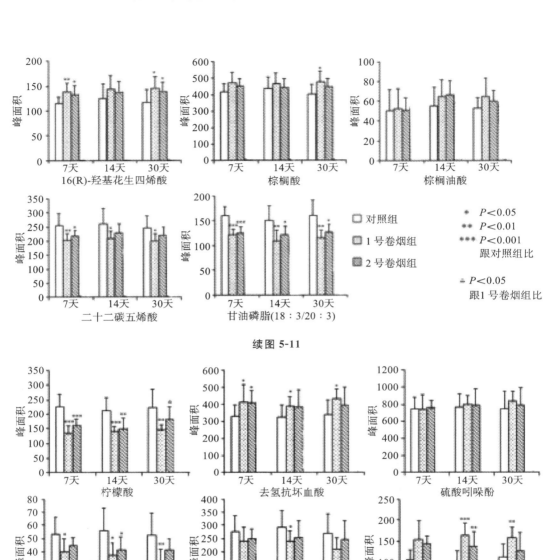

续图 5-11

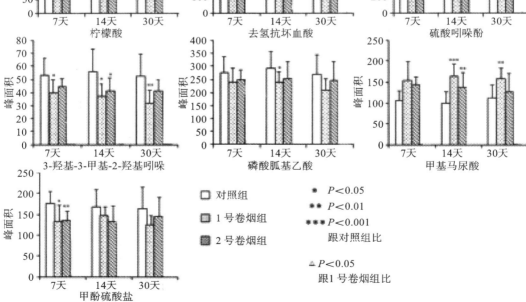

图 5-12　在不同烟气暴露时期尿液样本生物标志物在三组大鼠中的相对含量变化

程度有所不同,2 号卷烟造成的损伤相对较小,可能是由于 2 号卷烟相关成分燃烧后可减少一些自由基,从而减小氧化损伤。相关报道也指出 2 号卷烟可降低烟气中 $10\% \sim 20\%$ 的自由基,能显著减少烟草特有亚硝胺,可以减小吸烟对人体的危害。

烟气暴露 30 天时,1 号卷烟组跟对照组相比,仍具有显著性差异,2 号卷烟组大鼠体内的部分生物标志物则有向正常水平回调的趋势,且部分标志物在 1 号卷烟组和 2 号卷烟组间具有显著性差异。

从结果来看,可能大鼠在早期接触烟气时产生一定的应激反应而出现损伤。随着暴露时间延长,2 号卷烟组大鼠有慢慢恢复的趋势,一方面可能是添加的天然本草提取物在燃烧过程中减少了烟草在燃烧时产生的自由基等有害物质,另一方面可能是天然本草提取物燃烧后形成的挥发性物质被机体吸收从而产生一定活性,慢慢发挥效果,使机体慢慢恢复。从具体的标志物来看,LPC(18:0)和 LPC(16:0)均跟磷脂代谢有关,在烟气暴露 30 天时,2 号卷烟组大鼠体内的花生四烯酸水平有所降低,而 LPC(18:0)和 LPC(16:0)水平有所升高,均趋于对照组,说明大鼠的磷脂代谢有所好转,同时花生四烯酸作为心血管疾病的重要标志物,其在体内的水平降低,说明相比于 1 号卷烟,2 号卷烟可降低一些心血管疾病发生的概率;柠檬酸跟能量代谢相关,烟气暴露 30 天时,2 号卷烟组大鼠体内的柠檬酸水平有所提升,说明大鼠体内的能量代谢也有一定的好转;甲基马尿酸是脂肪酸 β 氧化的产物,跟氧化损伤有关,在烟气暴露 30 天时,2 号卷烟组大鼠体内的甲基马尿酸水平有所降低,说明大鼠机体氧化损伤有一定的好转。

目前关于天然本草提取物在卷烟中的作用机理说法不一,一般认为,当含有天然本草提取物的卷烟燃吸时,该提取物经不同梯度的温度加热,其有效成分可被蒸馏、汽化、挥发和升华,形成微粒相和气相成分,该类物质可捕获烟气中的自由基,减少有害物质的生成,同时作用于呼吸系统,不同粒径的烟气粒子或沉积于呼吸道,或被肺泡吸收进入血液,从而对局部或全身起作用,减轻吸烟所引起的不良结果[21]。

3. 异常肺组织样本分析

从外观来看,异常肺组织表面有明显的黑色沉着。通过比较异常肺组织样本与正常肺组织样本的 BPI 图(见图 5-13),可知两者的主要差异体现在图中方框所圈定的部分,通过进一步的质谱解析(结果见表 5-15),发现多种跟氧化损伤、炎症及癌症相关的标志物。1-羟基芘是烟气中芘的代谢物,属于感受性生物标志物,它作为多环芳烃代表性的致癌标志物多有报道[22]。7-甲基鸟苷是 DNA 甲基化产物,跟癌症有显著相关性。甲基化 DNA 的产生可以很好地反映烟气的氧化应激能力,造成 DNA 氧化损伤,若 DNA 修复不完全,会造成染色体畸变和癌基因、抑癌基因突变,最终造成细胞癌变[23]。9,10-二羟基十八碳二烯酸和乙酰基-5-甲氧基犬尿氨酸均为氧化损伤的标志物。8-异前列腺素 F2α 和前列腺素 D2 均为脂质过氧化产物,说明烟气中的氧化性成分使细胞膜受到氧化应激,造成细胞膜受损,甚至导致细胞凋亡。氧化性成分增加细胞膜的脂质过氧化作用,导致 F2-异前列腺素的释放和排泄,可以用于物质氧化性评估以及对膜脂的生物学效应评估。F2-异前列腺素是

由花生四烯酸氧化产生的,其水平可以反映机体内氧化应激和脂质过氧化的水平[24],已有文献报道其在吸烟者尿中的水平是正常人的 2 倍[25]。(异)前列腺素类物质水平的提高也是体内炎症反应发生的信号。

从结果来看,该大鼠已经因吸食烟气而受到了严重的氧化损伤,体内出现炎症反应,甚至肺组织可能已经癌变。本实验只有 1 号卷烟组的大鼠出现了 1 例严重的氧化损伤,而 2 号卷烟组均没有出现严重氧化损伤,这也可以反映出 2 号卷烟可能可以减小机体受到的伤害。同时,实验中 1 号卷烟组的大鼠共有 30 只,而只有 1 只出现严重的氧化损伤甚至癌变,这说明不同个体对于烟草中致癌物的敏感性有所不同。根据流行病学统计结果,尽管 80%~90% 的肺癌与烟气暴露有关,但吸烟者中只有少于 20% 的人发展成为肺癌[26]。

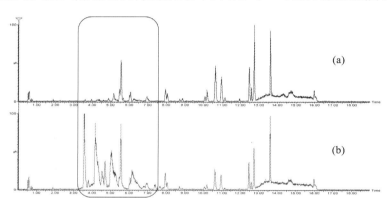

图 5-13　异常肺组织样本(a)与正常肺组织样本(b)BPI 图比较

表 5-15　异常肺组织样本重要标志物鉴定结果

序号	t_R/min	特征离子	代谢物	标志物意义
1	3.26	265.1251[M+FA−H]⁻	1-羟基芘	多环芳烃致癌标志物,尤其见于吸烟者
2	3.49	297.1416[M−H]⁻	7-甲基鸟苷	DNA 氧化损伤,跟癌症有显著相关性
3	3.75	311.1362[M−H]⁻	9,10-二羟基十八碳二烯酸	氧化损伤,亚麻酸氧化产物
4	4.27	309.1703[M+FA−H]⁻	乙酰基-5-甲氧基犬尿氨酸	氧化损伤
5	4.71	353.1947[M−H]⁻	8-异前列腺素 F2α	发生炎症、氧化应激后水平显著升高
6	4.99	397.2197[M+FA−H]⁻	前列腺素 D2	氧化损伤,参与多个生理过程,介导炎症

5.5.3　小结

本节运用液质联用技术分别分析了大鼠在 1 号卷烟、2 号卷烟烟气中暴露 7 天、14 天和 30 天时的血浆、尿液和肺组织样本,建立其代谢轮廓谱,通过多元统计分析获取烟气暴露大鼠受到损伤的生物标志物,并将血浆、尿液和肺组织样本中得到的标志物进行整合,运用神经模糊网络模型对标志物进行缩减,并用人工神经网络对模型预测能力进行评价,确定烟气暴露不同时间,与不同烟气暴露对大鼠内源性代谢物变化影响"因果效应"密切相关的关键生物标志物群。得到的主要结论如下。

在烟气暴露初期(7 天),大鼠在早期接触烟气时产生一定的应激反应而出现损伤,2 号卷烟和 1 号卷烟均对实验大鼠整体代谢状况产生显著影响,引起大鼠氧化损伤和代谢紊乱,从整体效应角度证实了吸烟有害健康,具有诱发心血管疾病和肿瘤等疾病的风险。

随着烟气暴露时间增加(14 天和 30 天),2 号卷烟组大鼠有慢慢恢复的趋势。从具体的标志物来看,LPC(18∶0)和 LPC(16∶0)均跟磷脂代谢有关,在烟气暴露 30 天时,2 号卷烟组大鼠体内的花生四烯酸水平有所降低,而 LPC(18∶0)和 LPC(16∶0)水平有所升高,均趋于对照组,说明大鼠的磷脂代谢有所好转,同时花生四烯酸作为心血管疾病的重要标志物,其在体内的水平降低,说明相比于 1 号卷烟,2 号卷烟可降低一些心血管疾病发生的概率;柠檬酸跟能量代谢相关,烟气暴露 30 天时,2 号卷烟组大鼠体内的柠檬酸水平有所提升,说明大鼠体内的能量代谢也有一定的好转;甲基马尿酸是脂肪酸 β 氧化的产物,跟氧化损伤有关,在烟气暴露 30 天时,2 号卷烟组大鼠体内的甲基马尿酸水平有所降低,说明大鼠机体氧化损伤有一定的好转。研究结果表明,大鼠吸烟会对机体造成损伤;相比于 1 号卷烟组,2 号卷烟组大鼠因吸烟引起心血管疾病的风险较小。

5.6　卷烟长时间暴露代谢组学研究

5.6.1　材料和方法

5.6.1.1　大鼠烟气暴露和取材

大鼠烟气暴露方式见第 2 章,取大鼠血液和尿液进行检测。

5.6.1.2 代谢组学检测分析方法

取大鼠血清及尿液于-80 ℃冷冻保存,送样于杭州联川生物技术股份有限公司进行检测。首先用有机试剂沉淀蛋白法对样本进行代谢物提取,同时制备 QC 样本(取等量制备好的实验样本混合而成)。对所提取的样本进行上机排序,在样本前、中、后分别插入 QC 样本以做实验技术重复评估。样本分别进行质谱正、负离子扫描。

利用 ProteoWizard 的 MSConvert 软件将质谱原始数据转换成可读数据。利用 XCMS 软件进行峰提取,并做峰提取质控。对提取到的物质利用 CAMERA 进行加合离子注释,然后利用 MetaX 软件进行一级鉴定。使用质谱一级信息进行鉴定,使用质谱二级信息与 in-house 数据库进行匹配。候选鉴定物质分别利用 HMDB、KEGG 等数据库进行代谢物注释,解释代谢物的物理化学性质、生物功能。利用 MetaX 软件对差异代谢物进行定量、筛选。代谢组学数据分析流程如图 5-14 所示。

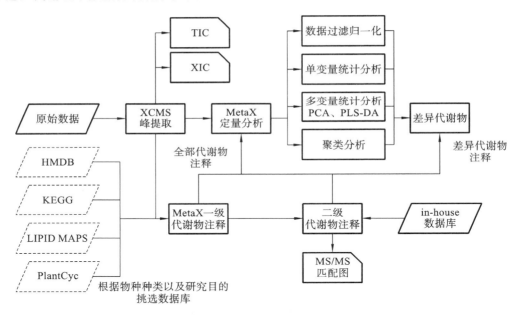

图 5-14 代谢组学数据分析流程

5.6.2 结果和讨论

5.6.2.1 生物样本质谱分析模式的选择

在分析之前分别用 QC 样本考察了血样、尿样在质谱正、负离子模式下的响应情况。

结果发现,正、负离子模式均能提供丰富的信息,如图 5-15 所示。因此,本研究采用正、负离子模式。

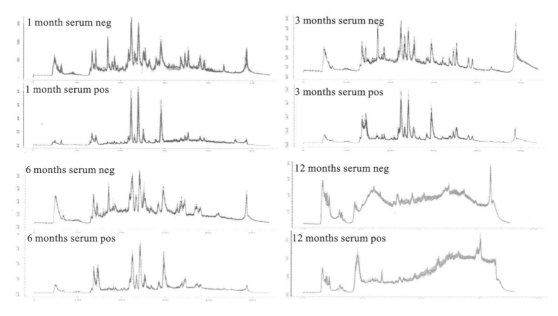

图 5-15　大鼠各生物样本的总离子流

5.6.2.2　烟气暴露 1 个月大鼠血清和尿液代谢组学分析

采用 PCA 和 PLS-DA 方法对所有样本的数据进行分析,PCA 得分图如图 5-16 所示。样本代谢谱分离度较高,组间代谢谱差异明显,能够很好地分开,且具有较高的解释率和预测率。以 VIP>1 及 $P<0.05$ 为标准,通过检索 HMDB、KEGG 数据库并进行对比分析,共筛选鉴定出 9 种潜在的差异代谢物,同时进行通路分析,筛选出 $P<0.05$ 的代谢通路,如表 5-16 和表 5-17 所示。

血清差异代谢物的主要代谢通路为炎症、丁酸代谢、叶酸合成、花生四烯酸代谢。其中,白三烯 C4 是哮喘发生发展的重要炎症因子,在吸烟者血清中检测到高表达现象[27]。丁酸代谢通路和多种疾病相关,如 3-羟基-3-甲基戊二酰辅酶 A 裂解酶缺乏症、琥珀酸半醛脱氢酶缺陷症等[28,29]。尿液差异代谢物的主要代谢通路为不饱和脂肪酸的生物合成、卟啉和叶绿素代谢、花生四烯酸代谢[30]、抗坏血酸和醛酸代谢、柠檬酸代谢循环。其中,花生四烯酸代谢对应的代谢标志物 LTA4 通过 LTC4 合成酶生成 LTC4,LTC4 被特异性的跨膜蛋白转移到细胞外代谢为 LTD4/LTE4。另外,LTA4 被 LTA4 水解酶水解为 LTB4。血清 LTB4 测定被认为是诊断哮喘及判断疾病严重程度较好的方法。

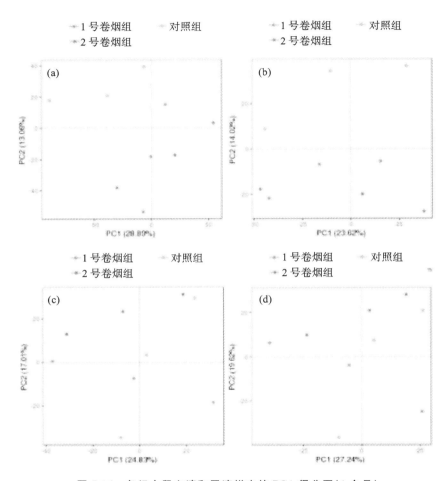

图 5-16　各组大鼠血清和尿液样本的 PCA 得分图(1 个月)
(a)血清正离子模式;(b)血清负离子模式;(c)尿液正离子模式;(d)尿液负离子模式

表 5-16　烟气暴露 1 个月血清差异代谢物的统计分析结果

代谢物名称	质荷比	保留时间/min	变化趋势	相关代谢通路
leukotriene C4	624.29	2.72	↑[a]	炎症
(R)-3-hydroxybutanoate	163.06	1.98	↓[b]	丁酸代谢
7-cyano-7-carbaguanine	214.01	2.93	↑[c]	叶酸合成
5,6-DHET	337.24	4.14	↓[bc]	花生四烯酸代谢

注:[a] 表示 1 号卷烟组-对照组,[b] 表示 2 号卷烟组-对照组,[c] 表示 2 号卷烟组-1 号卷烟组。

表 5-17　烟气暴露 1 个月尿液差异代谢物的统计分析结果

代谢物名称	质荷比	保留时间/min	变化趋势	相关代谢通路
leukotriene A4	341.21	3.72	↓ [ab]	花生四烯酸代谢
linoleate	281.24	5.89	↑ [a]	不饱和脂肪酸的生物合成
cobyrinate	978.33	0.83	↑ [ab]	卟啉与叶绿素代谢
5-dehydro-4-deoxy-D-glucuronate	191.01	1.01	↑ [a] ↓ [c]	抗坏血酸和醛酸代谢
isocitrate	191.02	1.53	↑ [a] ↓ [c]	柠檬酸代谢循环

注:[a] 表示 1 号卷烟组-对照组,[b] 表示 2 号卷烟组-对照组,[c] 表示 2 号卷烟组-1 号卷烟组。

5.6.2.3　烟气暴露 3 个月大鼠血清代谢组学分析

采用 PCA 和 PLS-DA 方法对所有样本的数据进行分析,结果如图 5-17 和图 5-18 所示。样本代谢谱分离度较高,组间代谢谱差异明显,能够很好地分开,且具有较高的解释率和预测率。以 VIP>1 及 $P<0.05$ 为标准,通过检索 HMDB、KEGG 数据库并进行对比分析,共筛选鉴定出 11 种潜在的差异代谢物,同时进行通路分析,筛选出 $P<0.05$ 的代谢通路,如表 5-18 所示。

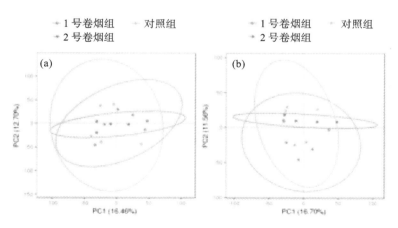

图 5-17　各组大鼠血清样本的 PCA 得分图(3 个月)

(a)正离子模式;(b)负离子模式

从表 5-18 可以看出在各样本中主要代谢通路为花生四烯酸代谢[31],其对应的代谢标志物在 1 号卷烟组-对照组、2 号卷烟组-对照组中都显示为下调水平,这与目前吸烟造成动

脉硬化发病率明显增高相吻合,吸烟影响花生四烯酸的代谢,使前列环素生成减少,从而使血管收缩、血小板凝聚功能增强[32]。健康吸烟者 LTB4 水平高于不吸烟者,其可能成为吸烟者气道炎症监测的一个有效指标,其相关代谢通路 TRP 通道在许多炎症介质的作用下产生疼痛,这可能是它们在调控内脏痛中的主要作用[33]。胆汁酸合成相关酶众多,2 号卷烟可以减少相关胆汁酸的合成,可能和 2 号卷烟中相关天然本草提取物的添加和转移有关[34]。

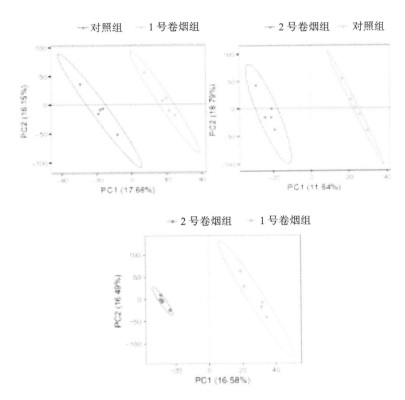

图 5-18　各组大鼠血清样本 PLS-DA 分析图(3 个月)

表 5-18　烟气暴露 3 个月血清差异代谢物的统计分析结果

代谢物名称	质荷比	保留时间/min	变化趋势	相关代谢通路
sphingosine	322.27	4.16	↑ [c]	凋亡
leukotriene B4	337.24	3.42	↑ [a]	炎症因子调节 TRP 通道
hepoxilin B3	354.26	3.55	↓ [a]	花生四烯酸代谢
hepoxilin A3	335.22	2.92	↓ [a]	花生四烯酸代谢
3-dehydrosphinganine	322.27	3.12	↑ [a] ↓ [c]	鞘脂代谢

续表

代谢物名称	质荷比	保留时间/min	变化趋势	相关代谢通路
3 alpha,7 alpha-dihydroxy-5 beta-cholestan-26-al	463.34	5.86	↓ bc	原代胆汁酸生物合成
dTDP-5-dimethyl-L-lyxose	563.11	3.79	↓ b	聚酮糖单元生物合成
glycochenodeoxycholate	448.30	3.19	↓ b	原代胆汁酸生物合成
prostaglandin A2	401.19	3.37	↓ b	花生四烯酸代谢
prostaglandin J2	357.20	3.57	↓ b	花生四烯酸代谢
hexadecanoic acid	288.29	2.91	↓ a ↑ c	不饱和脂肪酸的生物合成

注:a 表示 1 号卷烟组-对照组,b 表示 2 号卷烟组-对照组,c 表示 2 号卷烟组-1 号卷烟组。

5.6.2.4　烟气暴露 6 个月大鼠血清代谢组学分析

采用 PCA 和 PLS-DA 方法对所有样本的数据进行分析,结果如图 5-19 和图 5-20 所示。样本代谢谱分离度较高,组间代谢谱差异明显,能够很好地分开,且具有较高的解释率和预测率。以 VIP>1 及 $P<0.05$ 为标准,通过检索 HMDB、KEGG 数据库并进行对比分析,共筛选鉴定出 17 种潜在的差异代谢物,同时进行通路分析,筛选出 $P<0.05$ 的代谢通路,如表 5-19 所示。

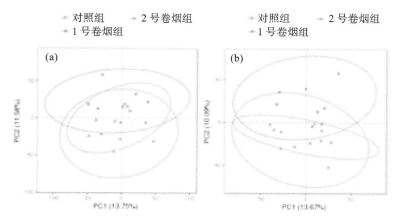

图 5-19　各组大鼠血清样本的 PCA 得分图(6 个月)

(a)正离子模式;(b)负离子模式

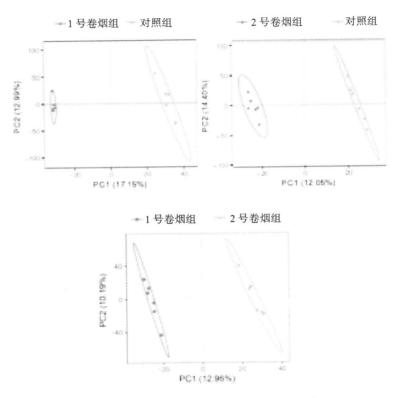

图 5-20　各组大鼠血清样本 PLS-DA 分析图（6 个月）

表 5-19　烟气暴露 6 个月血清差异代谢物的统计分析结果

代谢物名称	质荷比	保留时间/min	变化趋势	相关代谢通路
12(13)-EpOME	319.22	3.58	↑ ac ↓ b	亚油酸代谢
2-methyl-trans-aconitate	226.99	1.74	↑ ab	丙酸盐代谢
leukotriene A4	341.21	3.83	↓ a	花生四烯酸代谢
9-cis-retinoic acid	323.20	5.23	↓ a ↑ c	非小细胞肺癌
15,16-dihydrobiliverdin	607.25	2.69	↓ bc	原代胆汁酸生物合成
9(S)-HODE	312.25	5.10	↑ a ↓ bc	PPAR 信号通路
bilirubin	605.24	2.69	↓ b	胆汁的分泌
glycocholate	504.27	3.79	↓ b	胆汁的分泌
taurochenodeoxycholate	498.29	2.94	↓ b	胆汁的分泌
taurocholate	582.27	2.66	↓ b	胆汁的分泌
aldosterone	359.19	2.98	↑ a ↓ c	醛固酮调节的钠再吸收

续表

代谢物名称	质荷比	保留时间/min	变化趋势	相关代谢通路
(8Z,11Z,14Z)-icosatrienoic acid	329.25	4.46	↓[a] ↑[c]	不饱和脂肪酸的生物合成
arachidonate	327.23	4.09	↓[ac]	卵巢类固醇生成
3-dehydrosphinganine	322.27	5.76	↓[a] ↑[c]	鞘脂代谢
prostaglandin I2	351.22	2.85	↓[a]	血小板激活
thromboxane A2	351.21	3.18	↓[a]	5-羟色胺能突触
leukotriene D4	498.68	0.83		花生四烯酸代谢

注：[a] 表示 1 号卷烟组-对照组，[b] 表示 2 号卷烟组-对照组，[c] 表示 2 号卷烟组-1 号卷烟组。

亚油酸代谢对应的代谢标志物 12(13)-EpOME 可能在加剧结肠癌方面具有潜在作用。9-cis-retinoic acid 能够抑制非小细胞肺癌细胞株 H460 的生长[35]。PPAR 的活化不仅可以改善糖尿病、高血压和肥胖等胰岛素抵抗综合征，而且直接作用于血管壁，从而减缓进程，9(S)-HODE 是其强激动剂[36,37]。烟草中的尼古丁会导致体内的 NO 减少，会使血管舒张功能下降，prostaglandin I2(PG I2)具有潜在的心血管调控作用[38]。

5.6.2.5　烟气暴露 12 个月大鼠血清代谢组学分析

采用 PCA 和 PLS-DA 方法对所有样本的数据进行分析，结果如图 5-21 和图 5-22 所示。样本代谢谱分离度较高，组间代谢谱差异明显，能够很好地分开，且具有较高的解释率和预测率。以 VIP>1 及 P<0.05 为标准，通过检索 HMDB、KEGG 数据库并进行对比分析，共筛选鉴定出 7 种潜在的差异代谢物，同时进行通路分析，筛选出 P<0.05 的代谢通

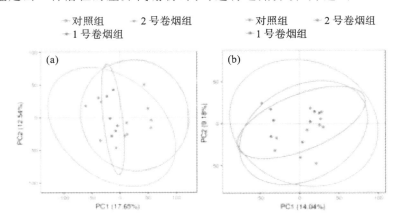

图 5-21　各组大鼠血清样本的 PCA 得分图（12 个月）

（a）正离子模式；（b）负离子模式

路,如表 5-20 所示。

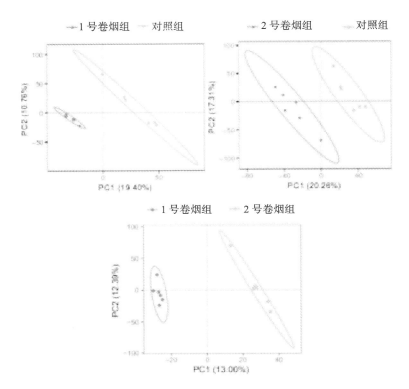

图 5-22 各组大鼠血清样本 PLS-DA 分析图(12 个月)

表 5-20 烟气暴露 12 个月血清差异代谢物的统计分析结果

代谢物名称	质荷比	保留时间/min	变化趋势	相关代谢通路
gibberellin A20	510.23	3.93	↓[a]	二萜生物合成
gibberellin A4	333.17	3.29	↓[a]	二萜生物合成
gibberellin A51	201.05	2.75	↓[a]	二萜生物合成
neoabietal	287.24	5.59	↓[a]	二萜生物合成
9,10,13-TriHOME	329.23	5.42	↓[b]	亚油酸代谢
9,10-dihydroxy-12, 13-epoxyoctadecanoate	353.23	2.99	↓[b]	亚油酸代谢
6-deoxy-L-galactose	187.06	1.82	↓[a] ↑[c]	果糖和甘露糖代谢

注:[a] 表示 1 号卷烟组-对照组,[b] 表示 2 号卷烟组-对照组,[c] 表示 2 号卷烟组-1 号卷烟组。

从表 5-20 可以看出在各样本中主要代谢通路为二萜生物合成和亚油酸代谢,其对应的代谢标志物在 1 号卷烟组-对照组、2 号卷烟组-对照组中都显示为下调水平。二萜生物合成与肿瘤发生以及心律失常等多种心血管疾病有关,这种下调可能与吸烟导致心血管功能障碍有关[39,40]。而在果糖和甘露糖代谢通路中,2 号卷烟能明显改善 1 号卷烟暴露诱导的果糖和甘露糖代谢的下调,果糖和甘露糖代谢主要和体内糖酵解、氨基糖和核苷酸糖代谢等多种能量代谢途径相关,表明 2 号卷烟能显著改善长期吸烟导致的体内能量代谢的异常。

5.6.3　小结

本研究对烟气暴露 1 个月、3 个月、6 个月和 12 个月大鼠的血清和尿液进行了代谢组学分析。结果显示,差异代谢物在烟气暴露过程中呈现由少变多再变少的变化,烟气暴露 6 个月时差异代谢物最多。

烟气暴露 1 个月时主要代谢通路为炎症、花生四烯酸代谢等;烟气暴露 3 个月时增加了原代胆汁酸生物合成、不饱和脂肪酸生物合成等代谢通路;烟气暴露 6 个月时增加了与肿瘤相关的代谢通路和血小板激活等代谢通路;烟气暴露 12 个月时前面的代谢通路大多消失,主要为二萜生物合成和亚油酸代谢。研究表明,烟气暴露会影响机体代谢,导致出现代谢物和代谢通路的差异;因卷烟配方、烟用材料、烟用添加剂不同,不同卷烟对机体代谢会呈现出不同的影响。

参 考 文 献

[1]　Walker C H, Hopkin S P, Sibly R M, et al. Principles of Ecotoxic0109y[M]. London: Taylor & Francis Ltd. ,1996.

[2]　WHO Study Group on Tobacco Product Regulation. Report on the scientific basis of tobacco product regulation[R]. 2008.

[3]　US IOM. Scientific Standards for Studies on Modified Risk Tobacco Products [M]. Washington, DC: The National Academies Press,2012.

[4]　Tricker A R. Biomarkers derived from nicotine and its metabolites: A review [J]. Contributions to Tobacco Research,2006,22(3):147-175.

[5]　Bernert J T, Jain R B, Pirkle J L, et al. Urinary tobacco-specific nitrosamines and 4-aminobiphenyl hemoglobin adducts measured in smokers of either regular or light

cigarettes[J]. Nicotine Tob. Res. ,2005,7(5):729-738.

[6] Stepanov I, Hecht S S. Tobacco-specific nitrosamines and their pyridine-N-glucuronides in the urine of smokers and smokeless tobacco users[J]. Cancer Epidemiol. Biomarkers Prev. ,2005,14(4):885-891.

[7] Scherer G, Urban M, Hagedorn H W, et al. Determination of two mercapturic acids related to crotonaldehyde in human urine: Influence of smoking[J]. Hum. Exp. Toxicol. ,2007,26(1):37-47.

[8] Grimmer G, Dettbarn G, Seidel A, et al. Detection of carcinogenic aromatic amines in the urine of non-smokers[J]. Sci. Total Environ. ,2000,247(1):81-90.

[9] Ding Y S, Blount B C, Valentin-Blasini L. Simultaneous determination of six mercapturic acid metabolites of volatile organic compounds in human urine[J]. Chem. Res. Toxicol. ,2009,22(6):1018-1025.

[10] Fan R F, Wang D L, Ramage R, et al. Fast and simultaneous determination of urinary 8-hydroxy-2'-deoxyguanosine and ten monohydroxylated polycyclic aromatic hydrocarbons by liquid chromatography/tandem mass spectrometry [J]. Chem. Res. Toxicol. ,2012,25(2):491-499.

[11] Mendes P, Liang Q W, Frost-Pineda K, et al. The relationship between smoking machine derived tar yields and biomarkers of exposure in adult cigarette smokers in the US[J]. Reg. Toxicol. Pharmacol. ,2009,55(1):17-27.

[12] Breland A B, Acosta M C, Eissenberg T. Tobacco specific nitrosamines and potential reduced exposure products for smokers: A preliminary evaluation of Advance™ [J]. Tobacco Control,2003,12(3):317-321.

[13] Rickert W S, Robinson J C, Young J C, et al. A comparison of the yields of tar, nicotine, and carbon monoxide of 36 brands of Canadian cigarettes tested under three conditions[J]. Prev. Med. ,1983,12(5):682-694.

[14] Vulimiri S V, Misra M, Hamm J T, et al. Effects of mainstream cigarette smoke on the global metabolome of human lung epithelial cells[J]. Chem. Res. Toxicol. , 2009,22(3):492-503.

[15] Kaplan M, Aviram M. Oxidized low density lipoprotein: Atherogenic and proinflammatory characteristics during macrophage foam cell formation. An inhibitory role for nutritional antioxidants and serum paraoxonase[J]. Clin. Chem. Lab. Med. ,1999,37 (8):777-787.

[16] Vayssier-Taussat M, Camilli T, Aron Y, et al. Effects of tobacco smoke and benzo[a]pyrene on human endothelial cell and monocyte stress responses[J]. Am. J. Physiol. Heart Circ. Physiol. ,2001,280(3).

[17] Yalcin M, Aydin C. Cardiovascular effects of centrally administered

arachidonic acid in haemorrhage-induced hypotensive rats: Investigation of a peripheral mechanism[J]. Clin. Exp. Pharmacol. Physiol. ,2009,36(4):447-453.

[18] Coussens L M,Werb Z. Inflammation and cancer[J]. Nature,2002,420(6917): 860-867.

[19] Willerson J T,Ridker P M. Inflammation as a cardiovascular risk factor[J]. Circulation,2004,109(21 Suppl 1).

[20] 王连生,张圆圆,单安山. 胍基乙酸的体内代谢及在动物生产中的应用[J]. 中国畜牧兽医,2010,37(6):13-16.

[21] 孟冬玲,刘绍华. 中草药添加剂在中国卷烟中的应用研究进展[J]. 中国烟草科学,2006,27(3):19-21.

[22] Scherer G,Frank S,Riedel K,et al. Biomonitoring of exposure to polycyclic aromatic hydrocarbons of nonoccupationally exposed persons [J]. Cancer Epidemiol. Biomarkers Prev. ,2000,9(4):373-380.

[23] Androutsopoulos V P,Tsatsakis A M,Spandidos D A. Cytochrome P450 CYP1A1:Wider roles in cancer progression and prevention[J]. BMC Cancer,2009, 9(1):187.

[24] Morrow J D,Minton T A,Mukundan C R,et al. Free radical-induced generation of isoprostanes in vivo. Evidence for the formation of D-ring and E-ring isoprostanes[J]. J. Biol. Chem. ,1994,269(6):4317-4326.

[25] Pilz H,Oguogho A,Chehne F,et al. Quitting cigarette smoking results in a fast improvement of in vivo oxidation injury (determined via plasma,serum and urinary isoprostane)[J]. Thromb. Res. ,2000,99(3):209-221.

[26] Wynder E L,Hoffmann D. Smoking and lung cancer:Scientific challenges and opportunities[J]. Cancer Res. ,1994,54(20):5284-5295.

[27] Lapenna D,Ciofani G,Ucchino S,et al. Reactive aldehyde-scavenging enzyme activities in atherosclerotic plaques of cigarette smokers and nonsmokers [J]. Atherosclerosis,2015,238(2):190-194.

[28] Pié J,López-Viñas E,Puisac B,et al. Molecular genetics of HMG-CoA lyase deficiency[J]. Mol. Genet. Metab. ,2007,92(3):198-209.

[29] Sass J O. Inborn errors of ketogenesis and ketone body utilization[J]. J. Inherit. Metab. Dis. ,2012,35(1):23-28.

[30] Spector A A,Fang X,Snyder G D,et al. Epoxyeicosatrienoic acids (EETs): Metabolism and biochemical function[J]. Prog. Lipid Res. ,2004,43(1):55-90.

[31] Linster C L,Van Schaftingen E. Vitamin C:Biosynthesis,recycling and degradation in mammals[J]. FEBS J. ,2007,274(1):1-22.

[32] 庞炜,张栩,李丹,等. 花生四烯酸代谢组学在动脉粥样硬化发生机制研究中的

应用[J].中国医学前沿杂志(电子版),2012,4(8):23-27.

[33] Julius D. TRP channels and pain[J]. Annu. Rev. Cell Dev. Biol. ,2013,29: 355-384.

[34] Norlin M,Wikvall K. Enzymes in the conversion of cholesterol into bile acids [J]. Curr. Mol. Med. ,2007,7(2):199-218.

[35] Shureiqi I,Jiang W,Zuo X S,et al. The 15-lipoxygenase-1 product 13-S-hydroxyoctadecadienoic acid down-regulates PPAR-delta to induce apoptosis in colorectal cancer cells[J]. Proc. Nat. Acad. Sci. USA,2003,100(17):9968-9973.

[36] Feige J N,Gelman L,Michalik L,et al. From molecular action to physiological outputs: Peroxisome proliferator-activated receptors are nuclear receptors at the crossroads of key cellular functions[J]. Prog. Lipid Res. ,2006,45(2):120-159.

[37] Semple R K,Chatterjee V K,O'Rahilly S. PPAR gamma and human metabolic disease[J]. J. Clin. Invest. ,2006,116(3):581-589.

[38] Hom S,Chen L,Wang T,et al. Platelet activation,adhesion,inflammation,and aggregation potential are altered in the presence of electronic cigarette extracts of variable nicotine concentrations[J]. Platelets,2016,27(7):694-702.

[39] Long R M,Croteau R. Preliminary assessment of the C13-side chain 2'-hydroxylase involved in taxol biosynthesis[J]. Biochem. Biophys. Res. Commun. ,2005, 338(1):410-417.

[40] Walker K,Long R,Croteau R. The final acylation step in taxol biosynthesis: Cloning of the taxoid C13-side-chain N-benzoyltransferase from taxus[J]. Proc. Nat. Acad. Sci. USA,2002,99(14):9166-9171.

第 6 章
免疫学研究

　　机体免疫系统具有重要的生理功能,是机体健康的捍卫者。机体免疫系统执行的免疫功能由天然免疫和获得性免疫两大部分组成。天然免疫是指机体出生时即具备多种天然免疫细胞,包括巨噬细胞、中性粒细胞等,可以通过细胞表面表达的病原体识别受体识别致病菌和病毒,激活天然免疫细胞产生干扰素、白细胞介素、肿瘤坏死因子、趋化因子等炎症物质,介导天然免疫炎症反应,抵御病原微生物的侵袭与感染。在此基础上,天然免疫细胞中的抗原呈递细胞通过加工处理病原体的特异性抗原成分刺激 T 淋巴细胞、B 淋巴细胞产生获得性免疫反应,能够针对所接触的病原体或肿瘤等的特定抗原成分产生抗原特异性免疫反应,在机体抗感染、清除突变肿瘤细胞以及维持机体内环境稳定方面发挥关键作用。

　　研究发现烟气中的焦油成分进入呼吸道后,易于附着在肺泡细胞表面,慢性呼吸道疾病的发生发展与长期大量吸烟有一定的关系。另外,多环芳烃类化合物进入体内后,可在一系列酶促代谢的作用下,形成对机体有害的物质并与生物大分子结合,从而干扰细胞的正常机能,并有可能引起呼吸道细胞恶性病变。虽然已有研究显示某些慢性呼吸道疾病的发生发展与吸烟有明显的关联,但有关吸烟对机体免疫功能的影响的研究较少。免疫系统是机体健康的维护者,人们希望了解吸烟对免疫系统是否有影响及其影响机制。国外有关烟草对机体免疫系统影响的研究始于 20 世纪 70 年代末,主要观察了吸烟者呼吸道周围的补体蛋白、血清反应蛋白、免疫复合物以及溶菌酶的变化,并对一些戒烟的志愿者戒烟后的免疫机能恢复进行了研究[1-4]。随着免疫学理论和免疫学技术的发展,许多研究者探究了烟草对免疫细胞的影响,研究结果显示,烟草可能对吞噬细胞、T 淋巴细胞和 B 淋巴细胞具有影响[5-9]。有研究者研究了男性吸烟者细胞免疫和体液免疫状态的变化[10,11]。研究表明,吸烟可影响人体免疫系统,特别是长期吸烟会抑制机体免疫功能。国内学者研究了吸烟对实验动物淋巴细胞的影响[12]。研究结果表明,长期大量吸烟可导致 T 淋巴细胞对抗原刺激活化能力降低,并降低 B 淋巴细胞产生抗体的能力。烟气中的多种成分对机体免疫系统有影响,特别是尼古丁长期作用于 T 淋巴细胞后,会抑制 T 淋巴细胞对抗原的反应性,导致 T 淋巴细胞的低反应性[13-15]。长期吸烟可降低 B 淋巴细胞产生抗体的能力,其主要机制为尼古丁的长期作用影响 T 淋巴细胞活化过程的信号传导,抑制 T 辅助细胞辅助 B 淋巴细胞产生抗体,从而降低 B 淋巴细胞产生抗体的能力[16,17]。除此之外,尼古丁也会影响肺泡巨噬细胞产生炎症因子的能力。体外研究发现,尼古丁体外作用于巨噬细胞后可减少 IL-6、IL-12、肿瘤坏死因子-α(TNF-α)的产生;尼古丁与焦油也会抑制巨噬细胞 TLR2、TLR4 以及 CD14 的表达,减弱巨噬细胞对细菌的抑制作用[18-20]。日本的一项研究显示,吸烟可增加雄性激素受体的活性[21]。

　　然而,近些年来,关于尼古丁对机体的作用在以往大量负面报道的基础上,开始有了一些相反作用的报道,如抑制中枢神经元凋亡进程、压制细菌毒素引起的机体炎症反应、对缺氧状态下的细胞的保护作用、促进血管再生及损伤修复、增加黏膜局部抵抗力等。尤其值得注意的是尼古丁在调节机体炎症反应过程时表现出与其他致炎因子不同的特性,尼古丁对气道炎症的发生可能并不只是产生以往认为的负面效应。通常的致炎因子首先诱导免疫应答细胞及黏膜表层细胞表达释放前炎症因子,如肿瘤坏死因子-α、IL-1 等,然后进一步

诱导其他炎症因子(如 IL-8)的表达释放,最终通过白细胞释放蛋白酶等效应因子造成炎症损伤、黏液过度分泌等,此为炎症反应级联放大过程。与此同时,这些炎症因子又作为机体炎性损伤抑制和保护性因子表达的有效刺激物,启动相关炎症抑制因子和抗蛋白酶系统的表达释放,最终结果则取决于两种力量的彼消此长。尼古丁作用于培养细胞后,虽可短暂地刺激炎症因子的释放,但随作用时间的延长,很快转为对细胞刺激反应过程的抑制状态,并表现出炎症抑制因子的表达释放的增多。研究表明,尼古丁可抑制巨噬细胞、内皮细胞和上皮细胞对细菌内毒素(LPS)的刺激反应,减少白细胞介素的释放,同时诱导 IFN-γ 的生成。有研究显示尼古丁可有效压制肠道炎症动物模型 IL-8、IL-4 的表达释放,减轻病理损伤程度。此类效应已通过尼古丁对溃疡性结肠炎的良好疗效得到证实。有研究者通过动物实验发现,采用 BALB/c 小鼠经直肠注入 OXZ 制成炎症性肠病模型后,皮下注射尼古丁可明显减轻 OXZ 诱导的实验性小鼠肠炎的症状及组织学损伤[22,23]。研究表明尼古丁的主要作用位点为细胞膜非神经性烟碱型乙酰胆碱受体(nAChR),nAChR 亚型基因敲除的小鼠对 LPS 攻击的耐受力明显差于正常小鼠。尼古丁的抗炎作用已在表皮角质细胞、肠道、缺血再灌注组织及中毒性休克动物中得到证实。此外,尼古丁作为 nAChR 激动剂,对 $A\beta_{25\sim35}$ 诱导学习记忆障碍小鼠具有明显的治疗作用,其机制主要是通过尼古丁增强胆碱乙酰转移酶的活性及抗氧化应激作用[24-26]。

　　本章立足于免疫学研究领域的现有技术,在建立动物吸烟模型的基础上系统研究卷烟烟气对机体免疫系统的毒性作用和作用特点,针对机体免疫反应产生的特点,以机体天然免疫和特异性免疫为主线,采用成熟的免疫学和分子生物学研究方法,从免疫器官、免疫细胞及免疫分子水平研究卷烟烟气对免疫系统可能的作用与特点。本研究有助于全面认识和系统评价吸烟对机体免疫系统的影响与作用特点。

6.1　不同吸烟模式下的生物学效应评价研究

　　有关吸烟对免疫系统影响的研究越来越受到人们的重视,但由于机体的免疫系统与功能十分复杂,涉及参与免疫应答的免疫器官、免疫细胞和免疫分子,包括细胞因子、抗体及免疫细胞的表面受体等,目前尚缺乏有效的动物模型来综合评价吸烟对动物机体免疫系统及功能的影响。由于吸烟首先影响的是肺脏器官,且机体免疫细胞分布于机体的每个器官和组织(包括肺脏器官)中,因此,本实验采用吸烟后小鼠肺部病理疾病活动指数(disease activity index,DAI)评分的方法,探索小鼠在不同实验条件下产生的肺部病理效应。通过本实验,可以建立卷烟烟气对免疫系统功能影响的实验动物模型,有助于认识并系统评价吸烟对机体免疫系统的影响与作用特点,以科学评价吸烟对机体免疫功能的影响,也可为烟草降害的判断提供依据。

6.1.1　材料与方法

6.1.1.1　实验动物

C57BL/6 小鼠购自上海 BK 实验动物有限公司,8~9 周龄,雌雄各半,实验时测定小鼠体重,取体重(18±2) g 小鼠。

6.1.1.2　试剂及仪器

卷烟:1 号卷烟由江西中烟工业有限责任公司提供。

试剂:多聚甲醛购自上海生工生物工程股份有限公司,苏木素和伊红染料购自上海生工生物工程股份有限公司,手术剪、眼科剪、眼科镊、穿刺针购自北京拜安吉科技有限公司。

仪器:流式细胞仪、PCR 仪购自美国 BD 公司,96 孔板微量分光光度仪购自美国 BioTek 公司,小型台式高速冷冻离心机购自 Eppendorf,2.5 μL、10 μL、20 μL、100 μL、1000 μL 移液器购自 Eppendorf,倒置显微镜购自 Zenoaq 公司,CO_2 细胞培养箱购自 Thermo 公司。

6.1.1.3　动物染毒仪

小鼠卷烟烟气吸入采用智能吸烟机(HRH-SM120)及动物吸烟气体染毒仪(HRH-CSED-K)(北京慧荣和科技有限公司生产)。

6.1.1.4　动物染毒

实验动物分组及卷烟烟气染毒:实验小鼠随机分组,将小鼠置于动物吸烟气体染毒仪中,在取得预实验数据的基础上,设定小鼠染毒烟雾浓度为 20%、40%、60%、80%,分别吸烟 10 min/(次·日)、20 min/(次·日)、40 min/(次·日),连续吸烟 30 天及 60 天,对照组不吸烟。

6.1.1.5　小鼠体重及免疫器官重量系数测定

具体方法参见第 2 章。

6.1.1.6　肺脏样本 HE 染色

具体方法参见第 2 章。

6.1.1.7　小鼠肺脏肺泡灌洗液的获取及 ELISA 检测

具体方法参见第 2 章。

6.1.1.8　统计学分析

采用 SPSS 统计软件对数据进行处理,结果以 $\bar{x}\pm s$ 表示,两组间比较采用 t 检验,$P<0.05$ 表示有显著性差异。

6.1.2　结果与讨论

机体的免疫系统组成及功能复杂,免疫系统是机体负责执行免疫功能的组织系统,由中枢免疫器官(骨髓、胸腺)和外周免疫器官(脾脏、淋巴结和黏膜免疫系统)组成。免疫器官中具体执行免疫功能的主要是各类免疫细胞,包括淋巴细胞(如 T 淋巴细胞、B 淋巴细胞、自然杀伤细胞等)、抗原呈递细胞(如树突状细胞、单核细胞、巨噬细胞等)、粒细胞(如中性粒细胞、嗜酸性粒细胞和嗜碱性粒细胞),以及其他参与免疫应答和效应的细胞(如肥大细胞、红细胞、血小板等)。其中,T 淋巴细胞和 B 淋巴细胞是参与特异性免疫应答的关键细胞,分别发挥细胞免疫和体液免疫效应;抗原呈递细胞则具有摄取、加工、处理抗原的能力,并可将经过处理的抗原肽呈递给特异性 T 淋巴细胞;各类粒细胞主要发挥非特异性免疫效应。另外,所有免疫细胞均来源于骨髓造血干细胞,故骨髓造血干细胞也属于免疫细胞。除免疫器官和免疫细胞外,多种免疫分子也被视为免疫系统的组成部分。例如:由活化的免疫细胞所产生的多种效应分子(如免疫球蛋白、细胞因子)、表达于免疫细胞表面的各类膜分子(如特异性抗原受体、CD 分子、黏附分子、主要组织相容性分子)等都属于免疫分子。上述机体免疫系统通过对"自己"或"非己"物质的识别及应答,主要发挥免疫防御、免疫自稳、免疫监视三种功能。

按前述方法对实验小鼠进行分组和染毒。对吸烟后小鼠的肺部病理进行 DAI 评分:肺泡完整性 0~3 分(肺泡完整 0 分,少量损伤 1 分,中度损伤 2 分,重度损伤 3 分);肺上皮细胞水肿 0~3 分(无水肿 0 分,轻度水肿 1 分,中度水肿 2 分,重度水肿 3 分);炎症细胞浸润 0~3 分(无浸润 0 分,少量浸润 1 分,中度浸润 2 分,大量浸润 3 分);支气管上皮完整性 0~3 分(完整 0 分,少量缺损 1 分,中度缺损 2 分,重度缺损 3 分);支气管水肿 0~3 分(无水肿 0 分,轻度水肿 1 分,中度水肿 2 分,重度水肿 3 分)。根据预实验结果,认为小鼠肺部 DAI 在 9～11 分为较好。过高的 DAI 会引起慢性阻塞性肺疾病(COPD)等严重并发症,过低的 DAI 则不能很好地反映吸烟损伤。基于此,对不同吸烟条件下的小鼠肺部病理切片进行了 DAI 评分,综合考虑实验时间与 DAI 分数,认为 60％烟雾浓度、20 min/(次·日)、吸烟 30 天是较佳的评价条件(见附录 A)。

有研究者研究了男子吸一手烟及二手烟对人体免疫细胞的影响,发现吸二手烟男子的淋巴细胞含量增加,但嗜碱性粒细胞含量降低,说明吸烟对机体的免疫具有一定的影响[27]。本实验中,在吸烟 20 min/(次·日)、30 天后,小鼠肺泡灌洗液中细胞表达 IL-1、IL-6、TNF、溶菌酶含量均增加($P<0.01$),在吸烟 40 min/(次·日)、30 天后,小鼠肺泡灌洗液中细胞表达 IL-1、IL-6、TNF 含量也增加($P<0.05$),但溶菌酶含量降低,说明 40 min/(次·日)的吸烟剂量可抑制溶菌酶的产生。研究结果表明,不同的吸烟模式对小鼠肺部病理 DAI 评分的影响不同,对肺脏局部的免疫反应性也不同,对评价吸烟产生的效应非常重要。

6.2　卷烟对小鼠免疫系统和功能影响的评价

在本部分实验中,在烟雾浓度为 60％的吸烟条件下,观察了小鼠吸 1 号卷烟、2 号卷烟 20 min/(次·日)、30 天后机体肺部病理及局部免疫的变化,并探讨卷烟对机体天然免疫和特异性免疫的可能影响。

6.2.1　材料与方法

6.2.1.1　实验动物

C57BL/6 小鼠购自上海 BK 实验动物有限公司,8～9 周龄,雌雄各半,实验时测定小鼠体重,取体重(18±2) g 小鼠。

6.2.1.2　试剂及仪器

卷烟:1 号卷烟、2 号卷烟由江西中烟工业有限责任公司提供。
试剂:多聚甲醛购自上海生工生物工程股份有限公司,流式抗体 CD11b-FITC、Ly6G-

APC、CD3-FITC、NK1.1-PerCP 购自美国 BD 公司,苏木素和伊红染料购自上海生工生物工程股份有限公司,IL-1β、IL-6、TNF-α、IL-8、MCP-1、CCL2 等 ELISA 试剂盒购自 R&D 公司,引物由上海杰李生物技术有限公司合成,手术剪、眼科剪、眼科镊、穿刺针购自北京拜安吉科技有限公司。

仪器:流式细胞仪、PCR 仪购自美国 BD 公司,96 孔板微量分光光度仪购自美国 BioTek 公司,小型台式高速冷冻离心机购自 Eppendorf,2.5 μL、10 μL、20 μL、100 μL、1000 μL 移液器购自 Eppendorf,倒置显微镜购自 Zenoaq 公司,CO_2 细胞培养箱购自 Thermo 公司,凝胶成像仪购自上海天能生命科学有限公司。

6.2.1.3 动物染毒仪

小鼠卷烟烟气吸入采用智能吸烟机(HRH-SM120)及动物吸烟气体染毒仪(HRH-CSED-K)(北京慧荣和科技有限公司生产)。

6.2.1.4 动物染毒

实验动物分组及卷烟烟气染毒:取同批同饲养条件的实验小鼠,将其随机分为 3 组——对照组(即 NS 组,不吸烟)、1 号卷烟组、2 号卷烟组。将吸烟小鼠置于动物吸烟气体染毒仪中,设定小鼠吸烟烟雾浓度为 60%,分别吸烟 20 min/(次·日),连续吸烟 30 天。

6.2.1.5 检测方法

实验过程中,对小鼠肺部固有免疫细胞、细胞因子、免疫细胞比例、血清免疫球蛋白等进行了检测,具体方法参见第 2 章。

6.2.1.6 统计学分析

采用 SPSS 统计软件对数据进行处理,结果以 $\bar{x} \pm s$ 表示,两组间比较采用 t 检验,$P <$ 0.05 表示有显著性差异。

6.2.2 结果与讨论

6.2.2.1 卷烟对小鼠肺脏质量的影响

小鼠吸烟 30 天后,取各组小鼠的肺脏,测定其质量,发现 1 号卷烟组小鼠肺脏质量相比 NS 组明显增加,2 号卷烟组小鼠肺脏质量较 NS 组也明显增加,但 2 号卷烟组小鼠肺脏质量与 1 号卷烟组相比明显减轻(见表 6-1)。实验结果表明,1 号卷烟明显刺激小鼠肺脏使其发生炎症水肿,增加了肺脏的质量,2 号卷烟对肺脏的刺激比 1 号卷烟对肺脏的刺激小。

表 6-1　卷烟对小鼠肺脏质量的影响

组别	肺脏质量/g
NS 组	0.140 ± 0.013
1 号卷烟组	$0.167\pm0.029^{**}$
2 号卷烟组	$0.147\pm0.027^{*\#}$

注:与 NS 组比较,$^{*}P<0.05$,$^{**}P<0.01$;与 1 号卷烟组比较,$^{\#}P<0.05$。

6.2.2.2　卷烟对小鼠肺脏病理的影响

小鼠吸烟 30 天后,观察各组小鼠肺脏的病理。结果发现,相比 NS 组,1 号卷烟组小鼠肺脏呈淡粉红色,表面有一定程度的瘀血和黑色斑点,且有明显的炎症细胞浸润;相比 1 号卷烟组,2 号卷烟组小鼠肺脏的炎症细胞浸润明显减轻(见图 6-1)。实验结果表明,1 号卷烟明显刺激小鼠肺脏使其发生炎症反应,造成了一定的肺部损伤;相比 1 号卷烟,2 号卷烟对小鼠肺脏病理的刺激作用则较小。

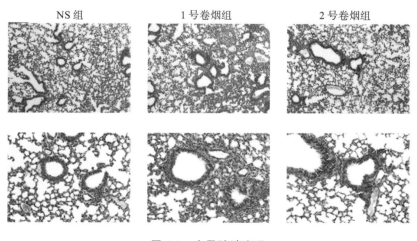

图 6-1　小鼠肺脏病理

6.2.2.3　卷烟对肺部固有免疫细胞的影响

采用小鼠支气管肺泡灌洗术，收集肺泡灌洗液中的细胞，分析细胞亚群比例发现：NS组小鼠肺泡灌洗液中的细胞主要为巨噬细胞和中性粒细胞，吸烟（1 号和 2 号卷烟）会显著增加中性粒细胞的比例，并引起巨噬细胞比例的下降；相较于 1 号卷烟组，2 号卷烟组小鼠肺泡灌洗液中巨噬细胞比例更高，中性粒细胞比例更低（见表 6-2）。实验结果表明，1 号卷烟对肺部固有免疫细胞的负面影响比 2 号卷烟更大。

表 6-2　小鼠吸 1 号卷烟、2 号卷烟后肺泡灌洗液中中性粒细胞、巨噬细胞比例的变化

组别	中性粒细胞/(%)	巨噬细胞/(%)
NS 组	21.3±3.2	71.5±5.6
1 号卷烟组	58.3±4.2**	22.8±3.2**
2 号卷烟组	47.6±4.1##	29.7±2.2#

注：与 NS 组比较，**P＜0.01；与 1 号卷烟组比较，#P＜0.05，##P＜0.01。

6.2.2.4　卷烟对小鼠肺部细胞因子与趋化因子的影响

对小鼠肺泡灌洗液中细胞因子与趋化因子的含量进行测定，发现相较于 NS 组，两个吸烟组小鼠肺泡灌洗液中细胞因子（IL-1β、TNF-α、IL-6）和趋化因子（IL-8、MCP-1、CCL2）均上调；与 1 号卷烟组相比，2 号卷烟组趋化因子的上调受到显著抑制，细胞因子 TNF-α 的上调也受到显著抑制，而 IL-1β、IL-6 有下调趋势，但无显著性差异（见表 6-3）。

表 6-3　小鼠吸 1 号卷烟、2 号卷烟后肺泡灌洗液中细胞因子与趋化因子含量的变化

检测指标	NS 组	1 号卷烟组	2 号卷烟组
IL-1β/(pg/mL)	30.237±3.807	77.248±22.440**	61.590±14.562
IL-6/(pg/mL)	67.210±17.468	261.750±63.164**	231.713±45.685
TNF-α/(pg/mL)	34.929±2.913	142.898±24.388**	111.796±25.429#
IL-8/(ng/mL)	13.946±8.787	54.254±10.213**	23.745±4.413##
MCP-1/(ng/mL)	14.880±6.304	104.092±21.293**	44.294±8.270##
CCL2/(ng/mL)	32.002±8.545	85.237±12.936**	41.340±6.938##

注：与 NS 组比较，**P＜0.01；与 1 号卷烟组比较，#P＜0.05，##P＜0.01。

对小鼠肺部上皮细胞中的细胞因子与趋化因子的表达情况进行检测，发现 1 号卷烟与 2 号卷烟均会增加小鼠肺部上皮细胞中细胞因子与趋化因子的表达，但与吸 1 号卷烟相

比,吸 2 号卷烟后趋化因子水平显著降低(见图 6-2)。

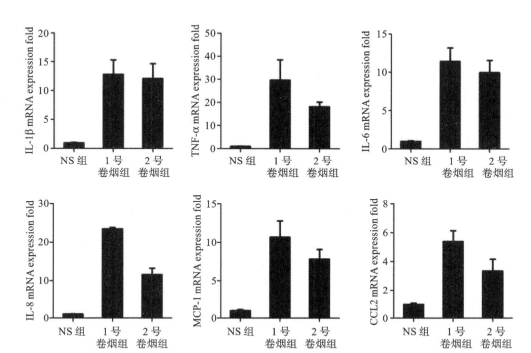

图 6-2　小鼠肺部上皮细胞中细胞因子与趋化因子的表达情况

6.2.2.5　卷烟对小鼠免疫器官的影响

小鼠吸烟 30 天后,在测定小鼠的体重后,取出各组小鼠的脾脏和胸腺,测定其重量并计算脾脏指数与胸腺指数。结果显示 1 号卷烟组小鼠脾脏指数与 NS 组相比有所升高(P<0.05),2 号卷烟组小鼠脾脏指数与 NS 组相比也明显升高(P<0.05);1 号卷烟组及 2 号卷烟组小鼠胸腺指数与 NS 组相比均有所提高,但无显著性差异(见表 6-4)。

表 6-4　小鼠吸 1 号卷烟、2 号卷烟对脾脏指数和胸腺指数的影响

组别	脾脏指数/(mg/g)	胸腺指数/(mg/g)
NS 组	4.10±0.29	2.31±0.21
1 号卷烟组	4.53±0.46*	2.42±0.26
2 号卷烟组	4.66±0.52*	2.52±0.36

注:与 NS 组比较,* P<0.05。

6.2.2.6　卷烟对小鼠脾脏及胸腺CD4$^+$T、CD8$^+$T细胞比例的影响

采用FACS技术,分析各组小鼠脾脏及胸腺CD4$^+$T、CD8$^+$T细胞比例的变化。结果显示,相比NS组,1号卷烟组与2号卷烟组脾脏CD4$^+$T细胞比例均有所上调,且1号卷烟组与2号卷烟组间没有显著性差异;相比NS组,1号卷烟组与2号卷烟组脾脏CD8$^+$T细胞比例均有所下调;1号卷烟组与2号卷烟组胸腺CD4$^+$T、CD8$^+$T细胞比例均上调,但无显著性差异(见图6-3)。

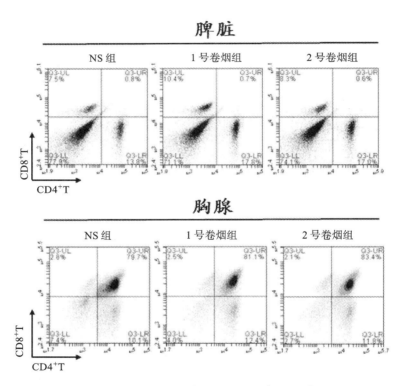

图6-3　小鼠吸1号卷烟、2号卷烟后脾脏、胸腺CD4$^+$T、CD8$^+$T细胞比例的变化

6.2.2.7　卷烟对小鼠脾脏T细胞功能的影响

分离小鼠脾脏T细胞,采用ConA刺激36小时后,用CCK8检测T细胞增殖能力,并检测分泌的细胞因子以评估吸烟对小鼠脾脏T细胞功能的影响。结果显示,与NS组相比,1号卷烟组与2号卷烟组小鼠脾脏T细胞受ConA刺激后增殖能力均有所下降,且1号卷烟组比2号卷烟组下降更显著;相比NS组,1号卷烟组与2号卷烟组小鼠脾脏T细胞受ConA刺激后产生IL-2的水平有所下降,且1号卷烟组比2号卷烟组下降更显著;相比

NS组,1号卷烟组与2号卷烟组小鼠脾脏 T 细胞受 ConA 刺激后产生 IFN-γ 的水平无显著变化(见表6-5)。

表 6-5　吸烟对小鼠脾脏 T 细胞增殖能力及分泌细胞因子的影响

组别	CCK8 (OD$_{450}$)	IL-2/(pg/mL)	IFN-γ/(pg/mL)
NS 组	0.82±0.05	123.3±9.8	324.3±17.6
1 号卷烟组	0.68±0.06*	91.5±6.7*	310.8±8.3
2 号卷烟组	0.74±0.07	116.4±12.1*	331.7±15.2

注:与 NS 组比较,* $P<0.05$。

6.2.2.8　卷烟对小鼠血清中免疫球蛋白的影响

检测小鼠血清中 IgM、IgG、IgA 的水平,结果显示,与 NS 组相比,1号卷烟组小鼠血清中 IgA 水平有所提高($P<0.05$);与 NS 组相比,2号卷烟组小鼠血清中 IgA 水平有所提高,但无显著性差异;1号卷烟组小鼠血清中 IgG 水平较 NS 组有明显的上调($P<0.05$),2号卷烟组小鼠血清中 IgG 水平上调更明显($P<0.01$);1号卷烟组、2号卷烟组小鼠血清中 IgM 水平较 NS 组也有明显的上调,2号卷烟组小鼠血清中 IgM 水平上调更明显(见表6-6)。实验结果表明,卷烟可刺激 B 细胞产生抗体,提高血清中 IgM、IgG、IgA 的水平,且2号卷烟的效果更显著。

表 6-6　小鼠血清中免疫球蛋白水平

组别	IgA/(ng/mL)	IgG/(ng/mL)	IgM/(ng/mL)
NS 组	3.1±0.41	12.1±2.12	2.9±0.32
1 号卷烟组	3.7±0.72*	14.5±3.91*	3.5±0.51*
2 号卷烟组	3.6±0.81	15.7±3.81**	4.1±0.73#**

注:与 NS 组比较,* $P<0.05$,** $P<0.01$;与1号卷烟组比较,# $P<0.05$。

参 考 文 献

[1]　Carlens E. Smoking and the immune response in the airpassages [J].

Bronchopneumologie,1976,26(4):322-323.

[2] Anthony H M,Madsen K E,Mason M K,et al. Lung cancer,immune status, histopathology and smoking:Is oat cell carcinoma lymphodependent? [J]. British Journal of Diseases of the Chest,1981,75(1):40-54.

[3] Weiss J F,Wolf G T,Edwards B K,et al. Effects of smoking and age on serum levels of immune-reactive proteins altered in cancer patients[J]. Cancer Detect. Prev. , 1981,4(1-4):211-217.

[4] Hersey P,Prendergast D,Edwards A. Effects of cigarette smoking on the immune system. Follow-up studies in normal subjects after cessation of smoking[J]. Med. J. Aust. ,1983,2(9):425-429.

[5] Ayre D J,Keast D,Papadimitriou J M. Effects of tobacco smoke exposure on splenic architecture and weight,during the primary immune response of BALB/c mice[J]. J. Pathol. ,1981,133(1):53-59.

[6] Barbour S E,Nakashima K,Zhang J B,et al. Tobacco and smoking: Environmental factors that modify the host response（immune system）and have an impact on periodontal health[J]. Crit. Rev. Oral Biol. Med. ,1997,8(4):437-460.

[7] Strate B W A V D,Postma D S,Brandsma C A,et al. Cigarette smoke-induced emphysema:A role for the B cell? [J]. Am. J. Respir. Crit. Care Med. ,2006,173(7): 751-758.

[8] Glader P,Moller S,Lilja J,et al. Cigarette smoke extract modulates respiratory defence mechanisms through effects on T-cells and airway epithelial cells[J]. Respir. Med. ,2006,100(5):818-827.

[9] Maeno T,Houghton A M,Quintero P A,et al. CD8[+] T cells are required for inflammation and destruction in cigarette smoke-induced emphysema in mice [J]. J. Immunol. ,2007,178(12):8090-8096.

[10] Moszczyński P,Zabiński Z,Moszczyński P J,et al. Immunological findings in cigarette smokers[J]. Toxicol. Lett. ,2001,118(3):121-127.

[11] Moszczyński P,Rutowski J,Słowiński S. The effect of cigarettes smoking on the blood counts of T and NK cells in subjects with occupational exposure to organic solvents[J]. Cent. Eur. J. Public Health,1996,4(3):164-168.

[12] 栗艳,阎露. 吸烟对 T、B 淋巴细胞的影响[J]. 第四军医大学学报,2001(13): 1191-1193.

[13] Sopori M L,Kozak W. Immunomodulatory effects of cigarette smoke[J]. J. Neuroimmunol. ,1998,83(1-2):148-156.

[14] Geng Y M,Savage S M,Johnson L J,et al. Effects of nicotine on the immune response. Ⅰ. Chronic exposure to nicotine impairs antigen receptor-mediated signal

transduction in lymphocytes[J]. Toxicol. Appl. Pharmacol. ,1995,135(2):268-278.

[15]　Geng Y M,Savage S M,Razani-Boroujerdi S,et al. Effects of nicotine on the immune response. Ⅱ. Chronic nicotine treatment induces T cell anergy[J]. J. Immunol. , 1996,156(7):2384-2390.

[16]　Sopori M L,Kozak W,Savage S M,et al. Effect of nicotine on the immune system:Possible regulation of immune responses by central and peripheral mechanisms [J]. Psychoneuroendocrinology,1998,23(2):189-204.

[17]　Sopori M L,Kozak W,Savage S M,et al. Nicotine-induced modulation of T cell function. Implications for inflammation and infection[J]. Adv. Exp. Med. Biol. ,1998, 437:279-289.

[18]　Madretsma S,Wolters L M,van Dijk J P,et al. In-vivo effect of nicotine on cytokine production by human non-adherent mononuclear cells[J]. Eur. J. Gastroenterol. Hepatol. ,1996,8(10):1017-1020.

[19]　Matsunaga K,Klein T W,Friedman H,et al. Involvement of nicotinic acetylcholine receptors in suppression of antimicrobial activity and cytokine responses of alveolar macrophages to *Legionella pneumophila* infection by nicotine[J]. J. Immunol. , 2001,167(11):6518-6524.

[20]　Doebbeling B N,Wenzel R P. The epidemiology of *Legionella pneumophila* infections[J]. Semin. Respir. Infect. ,1987,2(4):206-221.

[21]　Shiota M,Ushijima M,Imada K,et al. Cigarette smoking augments androgen receptor activity and promotes resistance to antiandrogen therapy[J]. The Prostate,2019, 79(10):1147-1155.

[22]　韩英,村田有志,伊东重豪,等.长期应用尼古丁对恶唑酮诱导的实验性小鼠肠炎模型的影响及其机制探讨[J].中华消化杂志,2001,21(8):473-476.

[23]　韩英,村田有志,伊东重豪,等.吸烟与尼古丁对 DSS 肠炎小鼠免疫反应的影响机制[J].世界华人消化杂志,2001,9(4):459-461.

[24]　任汝静,王刚,潘静,等.尼古丁对 $A\beta_{25\sim35}$ 细胞毒性的拮抗作用及与 β-淀粉样前体蛋白代谢的关系[J].中国现代神经疾病杂志,2007,7(3):251-256.

[25]　赵永波,刘文文,郭春妮. Aβ 对大鼠记忆和空间定向能力的影响及尼古丁的干预作用[J].上海交通大学学报(医学版),2006,26(7):719-724.

[26]　任汝静,王刚,潘静,等.尼古丁对 $A\beta_{25\sim35}$ 诱导学习记忆障碍小鼠的治疗作用[J].中国药理学通报,2009,25(1):55-59.

[27]　董冉,时国朝,周敏.吸烟对固有免疫影响的研究进展[J].国际免疫学杂志, 2014,37(6):459-465.

第 7 章

毒理学和功能学研究

到目前为止,各国学者对烟草烟气进行了大量的研究工作,对有关烟草烟气中代表性成分和烟草烟气作为一种复杂的混合物综合作用于人体对人体的毒性作用及致癌致畸致突变的机理有了一定的认识[1]。人体在接触烟草烟气混合物后,由于本身的神经、内分泌、免疫功能及营养状况差异等因素影响,会有不同的表现。传统的卷烟危害性评价主要集中于 CO、焦油、苯并芘等卷烟有害成分释放量的研究,而从毒理学和功能学角度对不同卷烟的危害性进行评价和对比研究,可为卷烟危害性评价提供更为直接有效的途径,同时也可为研究新技术、新工艺降低卷烟危害提供借鉴。

7.1　系统毒理学研究

安全毒理学评价分为四个阶段:第一阶段为急性毒性试验,包括经口急性毒性试验和联合急性毒性试验;第二阶段为遗传毒性试验、致畸试验和短期喂养试验;第三阶段为亚慢性毒性试验(90 天喂养试验)、繁殖试验和代谢试验;第四阶段为慢性毒性试验和致癌试验。在用毒理学试验预测对人类的危害时,一般认为体内试验的权重大于体外试验,真核生物试验的权重大于原核生物试验,哺乳动物试验的权重大于非哺乳动物试验。本部分研究建立了 12 个月烟气暴露大鼠模型进行烟气暴露毒理学评价。

7.1.1　材料与方法

7.1.1.1　主要试剂

血液学指标检测所用稀释液、清洗液、溶血剂、质控试剂均由 Drew Scientific 公司生产;凝血指标检测所用试剂均由上海太阳生物技术有限公司生产;血清生化指标检测所用试剂均由广州科方生物技术股份有限公司生产;超氧化物歧化酶试剂盒、丙二醛试剂盒、还原型谷胱甘肽试剂盒均由南京建成生物工程研究所生产;CD3-APC、Anti-Rat CD4-FITC、Anti-Rat CD8a-PE 均由 Invitrogen 公司生产;TNF-α、IL-6、IL-1β、补体 C3 和溶菌酶 LYZ 试剂盒均由武汉华美生物工程有限公司生产。

7.1.1.2 主要仪器

HRH-WBE3986 型动物全身烟气暴露系统购自北京慧荣和科技有限公司;Konelab 全自动生化分析仪购自美国 ThermoFisher 公司;AC9900 电解质分析仪购自江苏奥迪康医学科技股份有限公司;HEMAVET 950 全自动五分类动物血液分析仪购自 Drew Scientific 公司;STA-4 型半自动四通道血液凝固分析仪购自法国 STAGO 公司;H-100 尿液分析仪购自迪瑞医疗科技股份有限公司;Multiskan Go 酶标仪购自美国 ThermoFisher 公司;Cytomics FC 500 流式细胞仪购自美国 Beckman 公司;Histocentre 3 石蜡包埋机、Finesse 325 石蜡切片机、Excelsior 全自动组织脱水机购自英国 Shandon 公司;BX53 显微镜购自日本 Olympus 公司。

7.1.1.3 卷烟样品

1 号卷烟和 2 号卷烟均由江西中烟工业有限责任公司提供,室温避光保存。

7.1.1.4 实验动物

SPF 级 SD 大鼠,雄性,220 只,9～10 周龄,购自北京维通利华实验动物技术有限公司。动物饲养于屏障环境内,室温控制在 20～26 ℃,湿度 40％～70％,12 小时照明,12 小时黑暗。标准饲养笼内饲养,每笼 5 只,每周换笼 2 次。动物自由摄食。

7.1.1.5 动物分组

动物经 7 天检疫后,将其随机分为 NS 组(即对照组)、1 号卷烟组、2 号卷烟组,分组信息如表 7-1 所示。

表 7-1　卷烟毒理学研究动物分组

组别	动物性别和数量	动物编号
NS 组	雄性、60 只	M101～M160
1 号卷烟组	雄性、80 只	M201～M280
2 号卷烟组	雄性、80 只	M301～M380

各组动物分别按要求于卷烟烟气中暴露 1、3、6、12 个月后,每组选取 12 只,经腹腔注射戊巴比妥钠(50 mg/kg)后剖杀,进行相关指标检测。多余动物为考虑实验周期较长,防

止意外死亡而增加的备用动物,实验结束后,将其麻醉后直接剖杀。

7.1.1.6　烟气暴露方法

将动物置于 HRH-WBE3986 型动物全身烟气暴露系统的腔体内,按照 60 min/(次·日)进行动态主流烟气暴露,烟气浓度控制在 990~1210 mg/m³。NS 组动物不暴露,1 号卷烟组动物采用 1 号卷烟进行主流烟气暴露,2 号卷烟组动物采用 2 号卷烟进行主流烟气暴露,持续暴露共 12 个月。

7.1.1.7　观察指标

临床症状观察:每天对各组动物的外观体征、行为活动、皮肤、呼吸、口、鼻、眼、局部刺激性、腺体分泌、粪尿性状等进行观察。

体重测定:每周称量 1 次各组动物体重。

饲料消耗量:每周测定 1 次饲料消耗量。

$$饲料消耗量 = \frac{投放饲料量 - 剩余饲料量}{每笼动物数量}$$

7.1.1.8　烟气暴露对大鼠血液学指标的影响

检测时间:烟气暴露 1、3、6、12 个月。

样本采集方法:采血前禁食不禁水 12 小时,腹腔注射戊巴比妥钠(50 mg/kg)麻醉,用真空负压管从腹主动脉采血,一部分血液经 EDTA-K2 抗凝测定血液学指标。

测定项目:白细胞计数、红细胞计数、血红蛋白、红细胞压积、平均红细胞体积、平均红细胞血红蛋白含量、平均红细胞血红蛋白浓度、红细胞分布宽度、血小板计数、平均血小板体积、中性粒细胞百分数、淋巴细胞百分数、嗜酸性粒细胞百分数、单核细胞百分数、嗜碱性粒细胞百分数、网织红细胞百分数等。

7.1.1.9　烟气暴露对大鼠凝血指标的影响

检测时间:烟气暴露 1、3、6、12 个月。

样本采集方法:采血前禁食不禁水 12 小时,腹腔注射戊巴比妥钠(50 mg/kg)麻醉,用真空负压管从腹主动脉采血,一部分血液经柠檬酸钠抗凝,2500 r/min 离心处理 15 min,分离血浆后测定凝血指标。

测定项目:凝血酶原时间、活化部分凝血活酶时间、凝血酶时间及纤维蛋白原。

7.1.1.10　烟气暴露对大鼠血清生化指标的影响

检测时间:烟气暴露 1、3、6、12 个月。

样本采集方法:采血前禁食不禁水 12 小时,腹腔注射戊巴比妥钠(50 mg/kg)麻醉,用真空负压管从腹主动脉采血,一部分血液盛于不含抗凝剂的真空管,2500 r/min 离心处理 15 min,分离血清后测定血清生化指标。

测定项目:谷草转氨酶、白蛋白、碱性磷酸酶、谷丙转氨酶、尿素氮、肌酸激酶、肌酐、血糖、乳酸脱氢酶、总胆红素、总胆固醇、甘油三酯、总蛋白、尿酸。

7.1.1.11　烟气暴露对大鼠免疫功能的影响

检测时间:烟气暴露 1、3、6、12 个月。

样本采集方法:见第 2 章。

测定项目:CD4$^+$、CD8$^+$、CD4$^+$/CD8$^+$及 TNF-α、IL-6、IL-1β、补体 C3、溶菌酶 LYZ。

7.1.1.12　烟气暴露对大鼠血清抗氧化指标的影响

检测时间:烟气暴露 1、3、6、12 个月。

样本采集方法:见第 2 章。

测定项目:按照各试剂盒说明书,检测血清超氧化物歧化酶、丙二醛、还原型谷胱甘肽。

7.1.1.13　烟气暴露对大鼠组织病理学的影响

检测时间:烟气暴露 1、3、6、12 个月。

样本采集方法:动物在采血后经腹主动脉放血处死,然后进行解剖。肉眼检查组织器官有无异常,对各脏器进行称重,并计算脏器系数、脏脑比值。

脏器系数计算公式:

$$脏器系数 = \frac{脏器重量}{体重} \times 100\%$$

脏脑比值计算公式:

$$脏脑比值 = \frac{脏器重量}{脑重量}$$

称量脏器重量的器官:脑、心脏、肝脏、脾脏、肺脏(左侧)、肾脏、肾上腺、胸腺、睾丸、附睾。

组织病理学检查:取心脏、主动脉、肝脏、脾脏、肺脏、气管、肾脏、脑、肾上腺、胸腺、睾丸、淋巴结、骨髓等,用 10% 中性福尔马林缓冲液固定,采用常规方法制备组织病理切片,HE 染色,进行组织病理学分析。

7.1.1.14　结果统计与分析

使用 SPSS 统计软件计算平均值和标准差并进行方差分析,显著性标准 $P<0.05$。组间比较采用 t 检验。

7.1.2　结果和讨论

7.1.2.1　临床症状观察

烟气暴露第 1、2 周,1 号卷烟组和 2 号卷烟组部分动物可观察到有流涎症状,此后流涎症状逐渐消失。2 号卷烟组动物 M326 于烟气暴露第 8 天因搬运过程中意外挤压死亡。此外,实验期间,各组动物未观察到有与烟气暴露有关的其他异常症状。

7.1.2.2　烟气暴露对大鼠体重的影响

从烟气暴露第 8 天至实验结束,1 号卷烟组和 2 号卷烟组动物体重均低于 NS 组($P<0.01$),表明烟气暴露可明显引起动物体重降低。而 2 号卷烟组动物体重与 1 号卷烟组相比无统计学差异($P>0.05$)(见图 7-1)。

7.1.2.3　烟气暴露对大鼠饲料消耗量的影响

烟气暴露 12 个月,NS 组动物饲料消耗量在多数时间段里高于 1 号卷烟组和 2 号卷烟组,而 2 号卷烟组动物饲料消耗量和 1 号卷烟组变化基本一致,结果表明烟气暴露对 1 号卷烟组、2 号卷烟组动物饲料消耗量均有一定影响,长期烟气暴露可降低动物饲料消耗量。2 号卷烟对动物饲料消耗量无明显改善作用(见图 7-2)。

7.1.2.4　烟气暴露对大鼠血液学指标的影响

烟气暴露 1 个月,1 号卷烟组、2 号卷烟组动物各项血液学指标与 NS 组比较均无统计学差异($P>0.05$);2 号卷烟组动物各项血液学指标与 1 号卷烟组比较均无统计学差异($P>0.05$)(见表 7-2)。

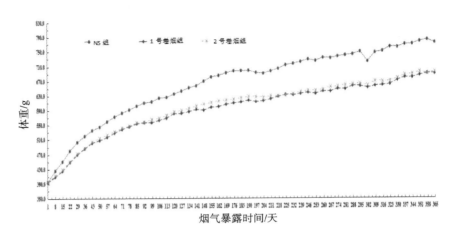

图 7-1　烟气暴露对大鼠体重的影响

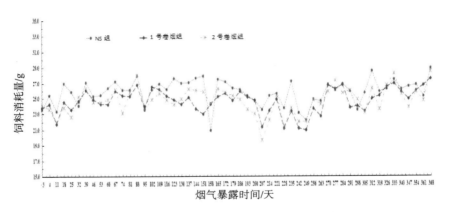

图 7-2　烟气暴露对大鼠饲料消耗量的影响

烟气暴露 3 个月，1 号卷烟组、2 号卷烟组动物各项血液学指标与 NS 组比较均无统计学差异（$P>0.05$）；2 号卷烟组动物各项血液学指标与 1 号卷烟组比较均无统计学差异（$P>0.05$）（见表 7-2）。

烟气暴露 6 个月，1 号卷烟组、2 号卷烟组动物各项血液学指标与 NS 组比较均无统计学差异（$P>0.05$）；2 号卷烟组动物各项血液学指标与 1 号卷烟组比较均无统计学差异（$P>0.05$）（见表 7-2）。

烟气暴露 12 个月，2 号卷烟组 WBC 低于 NS 组，有统计学差异（$P<0.05$）；MCHC 低于 NS 组，有统计学差异（$P<0.05$）；1 号卷烟组、2 号卷烟组 RET 低于 NS 组，有统计学差异（$P<0.01$、$P<0.01$）。上述烟气暴露组动物出现的个别指标变化，与 NS 组的绝对差值较小，且均在正常范围内（见表 7-2）。

表 7-2　烟气暴露对大鼠血液学指标的影响($\bar{x} \pm s$)

时间	项目	组别		
		NS 组	1 号卷烟组	2 号卷烟组
烟气暴露1个月($n=12$)	WBC/(10^9/L)	4.79±1.45	6.03±2.04	5.40±1.35
	RBC/(10^{12}/L)	8.24±0.75	7.98±0.66	8.01±0.48
	Hb/(g/L)	155.8±10.4	154.1±8.6	153.9±10.0
	HCT/(%)	48.1±2.5	46.6±3.3	46.4±2.5
	MCV/fL	58.8±5.1	58.5±4.7	58.0±2.8
	MCH/pg	19.0±1.6	19.4±1.1	19.3±0.8
	MCHC/(g/L)	323.6±14.3	331.6±14.7	332.0±15.1
	RDW/(%)	14.5±0.7	14.5±0.5	14.5±0.7
	PLT/(10^9/L)	845.8±75.6	845.3±61.3	844.3±98.1
	MPV/fL	5.8±0.4	5.9±0.4	5.9±0.5
	NE/(%)	26.64±4.54	28.23±6.06	27.01±5.83
	LY/(%)	65.91±6.94	65.34±8.39	65.99±6.89
	EO/(%)	0.44±0.23	0.38±0.48	0.28±0.13
	MO/(%)	6.98±3.66	5.94±2.93	6.67±2.60
	BA/(%)	0.03±0.05	0.11±0.26	0.06±0.10
	RET/(%)	1.6±0.7	1.6±0.6	1.7±0.9
烟气暴露3个月($n=12$)	WBC/(10^9/L)	4.66±0.89	4.16±0.77	3.93±1.00
	RBC/(10^{12}/L)	8.77±0.38	8.58±0.63	8.77±0.54
	Hb/(g/L)	159.2±9.8	160.3±8.0	156.7±10.7
	HCT/(%)	53.9±3.5	52.9±3.7	52.7±3.6
	MCV/fL	61.4±2.4	61.6±1.3	60.1±2.5
	MCH/pg	18.1±0.6	18.8±1.5	17.9±0.7
	MCHC/(g/L)	296.7±7.7	304.4±21.3	297.3±6.2
	RDW/(%)	14.5±0.7	14.3±0.5	14.7±0.4
	PLT/(10^9/L)	812.5±93.1	841.0±97.3	842.3±71.0
	MPV/fL	6.2±0.4	6.4±0.4	6.2±0.6
	NE/(%)	32.42±8.12	33.35±6.64	33.88±7.02

基于系统生物学的卷烟危害性评价方法

续表

时间	项目	组别		
		NS 组	1 号卷烟组	2 号卷烟组
烟气暴露 3 个月 (n=12)	LY/(%)	61.92±8.24	61.04±7.64	60.82±7.88
	EO/(%)	0.75±0.73	0.81±0.44	0.59±0.35
	MO/(%)	4.81±1.70	4.73±1.92	4.65±1.88
	BA/(%)	0.08±0.21	0.09±0.09	0.07±0.08
	RET/(%)	1.3±0.5	1.3±0.4	1.3±0.3
烟气暴露 6 个月 (n=12)	WBC/(10^9/L)	3.62±1.29	3.24±1.13	3.33±0.87
	RBC/(10^{12}/L)	7.83±0.35	7.52±1.37	8.06±0.42
	Hb/(g/L)	136.3±4.8	136.7±28.1	138.7±5.6
	HCT/(%)	49.0±2.4	48.2±9.3	51.3±2.0
	MCV/fL	62.6±2.8	63.9±4.2	63.8±2.9
	MCH/pg	17.5±1.0	18.1±2.0	17.3±0.8
	MCHC/(g/L)	27.8±1.0	28.4±3.1	27.3±0.8
	RDW/(%)	14.9±1.0	14.8±1.5	14.5±0.8
	PLT/(10^9/L)	793.0±263.4	812.9±187.4	698.4±187.1
	MPV/fL	5.8±0.3	5.9±0.4	6.0±0.3
	NE/(%)	30.18±7.22	31.09±9.75	29.37±5.30
	LY/(%)	65.49±7.08	62.41±13.98	66.42±5.90
	EO/(%)	0.59±0.29	2.34±4.91	0.58±0.31
	MO/(%)	3.59±0.52	3.89±1.15	3.58±1.20
	BA/(%)	0.16±0.18	0.30±0.48	0.08±0.08
	RET/(%)	1.5±0.6	1.5±0.3	1.3±0.4
烟气暴露 12 个月 (n=12)	WBC/(10^9/L)	5.26±1.62	4.55±1.09	4.10±1.59*
	RBC/(10^{12}/L)	8.84±0.59	8.82±0.43	8.21±1.81
	Hb/(g/L)	161.92±9.19	163.00±8.37	152.00±26.45
	HCT/(%)	56.0±3.3	57.0±2.1	54.1±8.5
	MCV/fL	63.5±3.6	64.8±2.7	68.1±11.2

154

续表

时间	项目	组别		
		NS 组	1 号卷烟组	2 号卷烟组
烟气暴露12 个月(n=12)	MCH/pg	18.4±0.9	18.5±0.9	19.0±2.8
	MCHC/(g/L)	289.25±9.24	285.60±6.15	279.83±10.64*
	RDW/(%)	15.66±0.82	15.46±0.70	15.75±1.66
	PLT/(10^9/L)	774.7±59.2	770.4±37.1	774.8±59.9
	MPV/fL	6.57±0.16	6.53±0.34	6.38±0.32
	NE/(%)	48.42±7.87	43.66±6.78	45.77±8.67
	LY/(%)	45.7±7.2	49.8±6.8	48.5±9.0
	EO/(%)	0.8±0.4	0.5±0.3	0.6±0.3
	MO/(%)	4.9±1.2	5.9±2.0	5.0±1.3
	BA/(%)	0.2±0.1	0.2±0.1	0.2±0.1
	RET/(%)	2.7±0.3	2.3±0.2**	2.2±0.2**

注:与 NS 组比较,* $P<0.05$,** $P<0.01$。

上述表明,长期烟气暴露对动物血液学指标无明显影响。

7.1.2.5　烟气暴露对大鼠凝血指标的影响

烟气暴露 1 个月,1 号卷烟组、2 号卷烟组动物各项凝血指标与 NS 组比较均无统计学差异($P>0.05$);2 号卷烟组动物各项凝血指标与 1 号卷烟组比较均无统计学差异($P>0.05$)(见表 7-3)。

烟气暴露 3 个月,1 号卷烟组、2 号卷烟组动物各项凝血指标与 NS 组比较均无统计学差异($P>0.05$);2 号卷烟组动物各项凝血指标与 1 号卷烟组比较均无统计学差异($P>0.05$)(见表 7-3)。

烟气暴露 6 个月,1 号卷烟组 APTT 低于 NS 组,有统计学差异($P<0.05$);2 号卷烟组动物各项凝血指标与 NS 组、1 号卷烟组比较均无统计学差异($P>0.05$)(见表 7-3)。

烟气暴露 12 个月,1 号卷烟组、2 号卷烟组动物各项凝血指标与 NS 组比较均无统计学差异($P>0.05$);2 号卷烟组动物各项凝血指标与 1 号卷烟组比较均无统计学差异($P>0.05$)(见表 7-3)。

表 7-3　烟气暴露对大鼠凝血指标的影响($\bar{x} \pm s$)

时间	项目	组别		
		NS组	1号卷烟组	2号卷烟组
烟气暴露 1个月 ($n=12$)	TT/s	31.4±8.1	31.1±3.6	33.5±4.6
	PT/s	14.4±1.1	14.2±0.7	14.2±0.8
	APTT/s	28.3±6.8	25.2±5.2	27.2±6.5
	FIB/(mg/dL)	158.8±9.4	154.2±16.1	155.2±11.8
烟气暴露 3个月 ($n=12$)	TT/s	29.4±1.9	28.1±2.7	27.4±7.2
	PT/s	14.9±0.7	14.7±0.7	13.7±2.8
	APTT/s	25.3±3.2	25.4±4.0	24.5±6.9
	FIB/(mg/dL)	206.9±24.2	200.8±13.5	196.3±10.2
烟气暴露 6个月 ($n=12$)	TT/s	31.6±2.9	29.9±3.3	30.9±2.0
	PT/s	15.5±0.8	15.1±1.3	15.6±1.0
	APTT/s	25.8±4.5	21.9±4.5*	22.7±2.5
	FIB/(mg/dL)	221.4±19.0	221.0±18.2	212.9±21.5
烟气暴露 12个月 ($n=12$)	TT/s	35.3±7.0	40.2±9.1	32.2±7.2
	PT/s	15.4±1.8	16.3±2.7	15.6±1.1
	APTT/s	33.8±24.9	34.1±7.4	31.3±11.7
	FIB/(mg/dL)	222.0±40.0	234.1±60.9	213.0±40.4

注:与NS组比较,* $P<0.05$。

TT可反映机体内的抗凝物质,其缩短无临床意义。APTT是反映内源性凝血途径凝血因子综合活性的指标,其缩短表明血液处于高凝状态。烟气暴露6个月,烟气暴露组动物APTT均有所降低(2号卷烟组降低,但无统计学差异),至烟气暴露12个月,各烟气暴露组动物APTT均恢复正常。

上述表明,烟气暴露可一过性引起动物APTT降低,缩短血液凝固时间。

7.1.2.6　烟气暴露对大鼠血清电解质指标和生化指标的影响

1. 烟气暴露对大鼠血清电解质指标的影响

烟气暴露1个月,1号卷烟组、2号卷烟组动物各项血清电解质指标与NS组比较均无统计学差异（$P>0.05$）；2 号卷烟组动物各项血清电解质指标与 1 号卷烟组比较均无统计学差异（$P>0.05$）（见表 7-4）。

烟气暴露 3 个月，1 号卷烟组动物 K^+ 浓度高于 NS 组，有统计学差异（$P<0.01$），而 2 号卷烟组 K^+、Na^+ 浓度低于 1 号卷烟组，有统计学差异（$P<0.01$、$P<0.05$）（见表 7-4）。

烟气暴露 6 个月，1 号卷烟组动物 Ca^{2+} 浓度高于 NS 组，有统计学差异（$P<0.05$），而 2 号卷烟组动物 Ca^{2+} 浓度与 NS 组比较无统计学差异（$P>0.05$）（见表 7-4）。

烟气暴露 12 个月，1 号卷烟组、2 号卷烟组动物各项血清电解质指标与 NS 组比较均无统计学差异（$P>0.05$）；2 号卷烟组动物各项血清电解质指标与 1 号卷烟组比较均无统计学差异（$P>0.05$）（见表 7-4）。

表 7-4　烟气暴露对大鼠血清电解质指标的影响（$\bar{x}\pm s$）

时间	项目	组别		
		NS 组	1 号卷烟组	2 号卷烟组
烟气暴露 1 个月 （$n=12$）	K^+/(mmol/L)	4.57±0.26	4.82±0.61	4.95±0.68
	Na^+/(mmol/L)	130.2±5.9	134.4±11.2	134.4±17.2
	Cl^-/(mmol/L)	104.5±3.8	103.1±9.9	101.3±13.8
	Ca^{2+}/(mmol/L)	1.02±0.15	0.95±0.13	0.93±0.06
烟气暴露 3 个月 （$n=12$）	K^+/(mmol/L)	4.57±0.59	5.16±0.43**	4.65±0.43##
	Na^+/(mmol/L)	122.9±23.4	138.3±19.9	121.7±10.3#
	Cl^-/(mmol/L)	103.9±18.8	109.9±18.0	102.9±10.3
	Ca^{2+}/(mmol/L)	1.12±0.05	1.10±0.03	1.09±0.03
烟气暴露 6 个月 （$n=12$）	K^+/(mmol/L)	4.46±0.45	4.64±0.30	4.38±0.23
	Na^+/(mmol/L)	125.0±16.8	134.7±10.7	127.4±11.1
	Cl^-/(mmol/L)	103.7±15.0	112.6±11.3	107.4±9.4
	Ca^{2+}/(mmol/L)	1.10±0.08	1.16±0.05*	1.11±0.05
烟气暴露 12 个月 （$n=12$）	K^+/(mmol/L)	5.28±1.26	5.43±0.68	5.31±1.04
	Na^+/(mmol/L)	133.8±6.1	135.1±4.3	136.5±3.3
	Cl^-/(mmol/L)	102.3±5.7	105.0±2.4	105.4±3.6
	Ca^{2+}/(mmol/L)	1.07±0.08	1.09±0.08	1.04±0.03

注：与 NS 组比较，* $P<0.05$，** $P<0.01$；与 1 号卷烟组比较，# $P<0.05$，## $P<0.01$。

上述表明，烟气暴露 3 个月，相对于 1 号卷烟，2 号卷烟烟气暴露引起的 K^+、Na^+ 浓度

升高程度较缓,但在烟气暴露后期,两组结果无明显差异。

2. 烟气暴露对大鼠血清生化指标的影响

烟气暴露 1 个月,2 号卷烟组 AST、CK 高于 NS 组和 1 号卷烟组,有统计学差异($P<$0.05,$P<$0.05,$P<$0.01、$P<$0.05);其余血清生化指标,2 号卷烟组与 NS 组和 1 号卷烟组比较均无统计学差异($P>$0.05)(见表 7-5)。

烟气暴露 3 个月,1 号卷烟组、2 号卷烟组动物各项血清生化指标与 NS 组比较均无统计学差异($P>$0.05);2 号卷烟组动物各项血清生化指标与 1 号卷烟组比较均无统计学差异($P>$0.05)(见表 7-5)。

烟气暴露 6 个月,1 号卷烟组 GLU 低于 NS 组,有统计学差异($P<$0.05);2 号卷烟组动物各项血清生化指标与 1 号卷烟组和 NS 组比较均无统计学差异($P>$0.05)(见表 7-5)。

烟气暴露 12 个月,1 号卷烟组 AST 高于 NS 组,TG 低于 NS 组,有统计学差异($P<$0.05、$P<$0.05);2 号卷烟组 TCHO、TG 高于 1 号卷烟组,有统计学差异($P<$0.05、$P<$0.05)(见表 7-5)。

表 7-5　烟气暴露对大鼠血清生化指标的影响($\bar{x}\pm s$)

时间	项目	组别		
		NS 组	1 号卷烟组	2 号卷烟组
烟气暴露 1 个月 ($n=12$)	ALB/(g/L)	32.5±2.7	32.2±3.3	32.5±2.3
	ALP/(U/L)	134.7±22.7	150.8±36.4	132.5±34.7
	ALT/(U/L)	44.2±18.2	35.0±7.5	46.0±18.3
	AST/(U/L)	98.8±27.9	96.5±24.5	132.8±43.2*#＃
	BUN/(mmol/L)	6.76±1.39	6.39±1.17	6.43±1.09
	CK/(U/L)	520.7±181.4	534.1±194.5	783.6±325.1*#
	CREA/(μmol/L)	37.5±5.6	35.6±6.4	38.8±6.6
	GLU/(mmol/L)	9.86±1.02	9.90±1.78	10.41±2.22
	LDH/(U/L)	1111.7±532.2	1257.1±700.1	1674.0±889.9
	TBIL/(μmol/L)	3.32±1.47	3.35±0.77	3.25±0.71
	TCHO/(mmol/L)	1.41±0.28	1.25±0.26	1.41±0.31
	TG/(mmol/L)	0.52±0.40	0.38±0.11	0.33±0.16
	TP/(g/L)	50.56±5.65	48.8±5.0	49.7±4.4
	UA/(μmol/L)	111.7±40.0	119.0±36.8	134.8±57.1

时间	项目	组别		
		NS 组	1 号卷烟组	2 号卷烟组
烟气暴露 3 个月 ($n=12$)	ALB/(g/L)	33.7±1.5	36.0±3.3	35.9±3.0
	ALP/(U/L)	73.0±18.6	83.9±22.9	83.8±19.1
	ALT/(U/L)	63.6±42.4	49.0±12.1	48.5±8.7
	AST/(U/L)	154.8±75.7	134.2±43.2	124.4±31.9
	BUN/(mmol/L)	8.27±1.48	8.10±1.49	7.99±1.56
	CK/(U/L)	659.1±367.7	553.8±328.5	523.0±232.9
	CREA/(μmol/L)	39.8±6.2	44.7±5.3	42.2±8.4
	GLU/(mmol/L)	9.76±1.23	10.40±1.47	10.53±1.49
	LDH/(U/L)	1909.5±800.0	1771.6±891.9	1485.8±822.8
	TBIL/(μmol/L)	3.11±0.81	3.92±1.76	3.40±0.96
	TCHO/(mmol/L)	1.63±0.27	1.62±0.21	1.42±0.43
	TG/(mmol/L)	0.50±0.18	0.51±0.17	0.58±0.26
	TP/(g/L)	54.0±2.4	59.4±6.6	56.7±6.3
	UA/(μmol/L)	129.0±41.3	151.6±39.2	136.3±32.6
烟气 暴露 6 个月 ($n=12$)	ALB/(g/L)	36.0±5.8	35.6±5.0	35.2±3.7
	ALP/(U/L)	95.6±27.2	97.6±20.0	87.1±11.8
	ALT/(U/L)	38.2±10.7	40.8±8.9	38.9±9.3
	AST/(U/L)	110.6±39.7	114.1±41.3	95.5±20.7
	BUN/(mmol/L)	6.32±1.11	5.97±0.69	6.24±1.25
	CK/(U/L)	612.5±424.8	670.8±310.8	548.7±273.5
	CREA/(μmol/L)	38.5±8.9	36.7±10.5	32.2±9.2
	GLU/(mmol/L)	9.96±2.10	8.45±1.19*	8.75±1.05
	LDH/(U/L)	1450.8±1042.5	1498.5±574.2	1283.0±740.2
	TBIL/(μmol/L)	2.93±0.74	2.61±0.28	2.68±0.52
	TCHO/(mmol/L)	1.64±0.58	1.51±0.42	1.57±0.37
	TG/(mmol/L)	0.68±0.28	0.68±0.33	0.72±0.26
	TP/(g/L)	56.4±13.3	53.4±9.8	52.3±4.1
	UA/(μmol/L)	101.4±31.4	112.6±52.6	92.1±14.7

续表

时间	项目	组别		
		NS组	1号卷烟组	2号卷烟组
烟气暴露12个月（n＝12）	ALB/(g/L)	38.2±1.8	38.4±2.7	39.2±2.5
	ALP/(U/L)	88.3±17.3	98.8±13.2	95.7±21.6
	ALT/(U/L)	49.2±5.9	64.2±59.3	56.5±44.7
	AST/(U/L)	119.1±23.1	151.2±61.3*	135.8±29.2
	BUN/(mmol/L)	4.78±0.58	5.32±1.01	5.04±0.84
	CK/(U/L)	590.7±332.7	657.2±218.0	643.8±222.2
	CREA/(μmol/L)	47.1±8.1	49.5±8.1	45.3±8.4
	GLU/(mmol/L)	11.15±1.05	12.57±2.84	11.02±1.37
	LDH/(U/L)	1446.9±693.3	1671.9±554.0	1735.8±551.3
	TBIL/(μmol/L)	3.55±0.71	3.96±1.32	3.57±1.14
	TCHO/(mmol/L)	2.25±0.50	1.98±0.48	2.50±0.63#
	TG/(mmol/L)	0.88±0.37	0.51±0.27*	0.92±0.55#
	TP/(g/L)	62.8±3.0	62.8±4.9	65.8±5.9
	UA/(μmol/L)	133.1±32.8	132.7±22.5	139.5±53.3

注：与 NS 组比较，* $P<0.05$；与 1 号卷烟组比较，# $P<0.05$，## $P<0.01$。

AST、CK 主要分布于心肌和其他肌肉组织，其升高提示相应细胞受损。烟气暴露 1 个月，2 号卷烟组 AST、CK 高于 NS 组和 1 号卷烟组，此后各时间点均未见异常，提示 2 号卷烟烟气暴露可一过性引起 AST、CK 升高。烟气暴露 6 个月，1 号卷烟组 GLU 低于 NS 组，但绝对差值较小，尚不能判断其具有生物学意义。烟气暴露 12 个月，1 号卷烟组 AST 升高，表明长期 1 号卷烟烟气暴露可引起 AST 升高，虽然 TG 降低，但在正常范围内，因此无毒理学意义。

上述表明，2 号卷烟烟气暴露可一过性引起 AST、CK 升高；长期 1 号卷烟烟气暴露可引起 AST 升高。

7.1.2.7 烟气暴露对大鼠免疫功能的影响

1. 烟气暴露对大鼠免疫细胞的影响

烟气暴露 1 个月，1 号卷烟组、2 号卷烟组动物 CD4+、CD8+、CD4+/CD8+ 与 NS 组比较均无统计学差异（$P>0.05$）；2号卷烟组动物 CD4$^+$、CD8$^+$、CD4$^+$/CD8$^+$ 与1号卷烟组比较均无统计学差异（$P>0.05$）（见表7-6）。

烟气暴露3个月，1号卷烟组、2号卷烟组动物 CD4$^+$、CD8$^+$、CD4$^+$/CD8$^+$ 与 NS 组比较均无统计学差异（$P>0.05$）；2号卷烟组动物 CD4$^+$、CD8$^+$、CD4$^+$/CD8$^+$ 与1号卷烟组比较均无统计学差异（$P>0.05$）（见表7-6）。

烟气暴露6个月，1号卷烟组、2号卷烟组动物 CD4$^+$、CD8$^+$、CD4$^+$/CD8$^+$ 与 NS 组比较均无统计学差异（$P>0.05$）；2号卷烟组动物 CD4$^+$、CD8$^+$、CD4$^+$/CD8$^+$ 与1号卷烟组比较均无统计学差异（$P>0.05$）（见表7-6）。

烟气暴露12个月，1号卷烟组、2号卷烟组动物 CD4$^+$、CD8$^+$、CD4$^+$/CD8$^+$ 与 NS 组比较均无统计学差异（$P>0.05$）；2号卷烟组动物 CD4$^+$、CD8$^+$、CD4$^+$/CD8$^+$ 与1号卷烟组比较均无统计学差异（$P>0.05$）（见表7-6）。

CD4$^+$、CD8$^+$ 细胞是机体免疫系统中的重要免疫细胞，CD4$^+$ 与细胞免疫水平呈正相关，CD4$^+$/CD8$^+$ 也直接反映细胞免疫水平的高低。上述表明，长期烟气暴露对大鼠免疫功能无明显影响。

表7-6　烟气暴露对大鼠免疫细胞的影响（$\bar{x}\pm s$）

时间	项目	组别		
		NS 组	1号卷烟组	2号卷烟组
烟气暴露 1个月 （$n=12$）	CD4$^+$/（%）	69.3±5.0	67.6±5.8	69.5±5.5
	CD8$^+$/（%）	29.1±4.9	30.7±5.9	28.9±5.3
	CD4$^+$/CD8$^+$	2.5±0.6	2.3±0.8	2.5±0.8
烟气暴露 3个月 （$n=12$）	CD4$^+$/（%）	68.1±5.1	67.7±6.3	67.4±4.3
	CD8$^+$/（%）	30.9±5.1	31.1±6.6	31.7±4.3
	CD4$^+$/CD8$^+$	2.3±0.7	2.3±0.8	2.2±0.5
烟气暴露 6个月 （$n=12$）	CD4$^+$/（%）	67.1±5.9	69.6±6.8	68.9±9.4
	CD8$^+$/（%）	31.6±5.7	29.3±6.4	29.5±9.0
	CD4$^+$/CD8$^+$	2.2±0.7	2.5±0.9	2.7±1.3
烟气暴露 12个月 （$n=12$）	CD4$^+$/（%）	62.8±8.2	65.8±4.8	64.1±10.4
	CD8$^+$/（%）	35.8±8.3	33.3±4.7	35.2±10.5
	CD4$^+$/CD8$^+$	1.9±0.7	2.0±0.4	2.0±0.8

2. 烟气暴露对大鼠免疫因子的影响

烟气暴露1个月，1号卷烟组、2号卷烟组动物 C3、IL-1β、IL-6、TNF-α、LYZ 与 NS 组

比较均无统计学差异($P>0.05$);2号卷烟组动物C3、IL-1β、IL-6、TNF-α、LYZ与1号卷烟组比较均无统计学差异($P>0.05$)(见表7-7)。

烟气暴露3个月,1号卷烟组动物IL-6高于NS组,有统计学差异($P<0.01$);2号卷烟组动物IL-6低于1号卷烟组,有统计学差异($P<0.05$)。其余指标,1号卷烟组、2号卷烟组动物与NS组比较均无统计学差异($P>0.05$);2号卷烟组动物与1号卷烟组比较均无统计学差异($P>0.05$)(见表7-7)。

烟气暴露6个月,1号卷烟组、2号卷烟组动物C3、IL-1β、IL-6、TNF-α、LYZ与NS组比较均无统计学差异($P>0.05$);2号卷烟组动物C3、IL-1β、IL-6、TNF-α、LYZ与1号卷烟组比较均无统计学差异($P>0.05$)(见表7-7)。

烟气暴露12个月,2号卷烟组动物C3高于NS组,有统计学差异($P<0.01$);1号卷烟组动物IL-6高于NS组,有统计学差异($P<0.05$);2号卷烟组动物C3、IL-1β、IL-6、TNF-α、LYZ与1号卷烟组比较均无统计学差异($P>0.05$)(见表7-7)。

IL-6作为前炎症细胞因子,在炎症反应过程中起着重要的作用,通常作为判断炎症反应程度的指标。烟气暴露3个月,1号卷烟组动物IL-6高于NS组,而2号卷烟组动物IL-6低于1号卷烟组,表明相对于1号卷烟,2号卷烟可有效减轻烟气暴露引起的炎症反应。C3是血清中含量较高的补体分子,其在完成补体系统的多种功能中具有十分重要的作用。烟气暴露12个月,2号卷烟组动物C3高于NS组,同时也高于1号卷烟组(无统计学差异),表明2号卷烟可提升机体的免疫水平。

上述表明,相对于长期1号卷烟烟气暴露引起的IL-6升高,2号卷烟可有效减轻烟气暴露引起的炎症反应,提升机体的免疫水平。

表7-7 烟气暴露对大鼠免疫因子的影响($\bar{x}\pm s$)

时间	项目	组别		
		NS组	1号卷烟组	2号卷烟组
烟气暴露 1个月 ($n=12$)	C3/(mg/mL)	6.16±0.70	6.37±0.73	6.35±0.56
	IL-1β/(pg/mL)	42.0±16.7	41.4±11.9	36.1±2.2
	IL-6/(pg/mL)	44.5±14.8	37.9±9.4	41.2±5.8
	TNF-α/(pg/mL)	17.1±4.1	13.5±2.1	14.0±2.5
	LYZ/(pg/mL)	11.07±0.70	10.43±0.53	10.77±0.88
烟气暴露 3个月 ($n=12$)	C3/(mg/mL)	2.92±0.64	2.91±0.66	2.83±0.89
	IL-1β/(pg/mL)	11.7±4.0	11.3±4.5	10.9±4.4
	IL-6/(pg/mL)	92.2±27.2	192.3±65.4**	113.2±43.4#
	TNF-α/(pg/mL)	11.5±7.4	9.9±6.6	9.5±2.7
	LYZ/(pg/mL)	12.62±0.92	14.69±2.93	13.63±0.62

时间	项目	组别		
		NS 组	1 号卷烟组	2 号卷烟组
烟气暴露 6 个月 ($n=12$)	C3/(mg/mL)	2.29±0.70	2.60±1.17	2.62±0.56
	IL-1β/(pg/mL)	227.3±54.9	257.4±58.7	234.1±41.8
	IL-6/(pg/mL)	33.7±17.8	44.4±19.5	47.6±20.6
	TNF-α/(pg/mL)	22.5±3.9	22.7±2.3	22.4±2.7
	LYZ/(pg/mL)	15.56±2.79	15.47±3.53	14.02±3.84
烟气暴露 12 个月 ($n=12$)	C3/(mg/mL)	4.01±1.59	5.05±1.38	6.29±1.47**
	IL-1β/(pg/mL)	100.6±25.8	112.5±44.0	119.9±43.4
	IL-6/(pg/mL)	37.5±8.0	49.8±19.0*	47.3±10.6
	TNF-α/(pg/mL)	10.2±0.9	10.5±1.3	11.8±3.4
	LYZ/(pg/mL)	4.55±1.15	4.23±2.27	4.41±1.25

注:与 NS 组比较,$*P<0.05$,$**P<0.01$;与 1 号卷烟组比较,$^{\#}P<0.05$。

7.1.2.8 烟气暴露对大鼠血清抗氧化指标的影响

烟气暴露 1 个月,1 号卷烟组、2 号卷烟组动物各项抗氧化指标与 NS 组比较均无统计学差异($P>0.05$);2 号卷烟组动物各项抗氧化指标与 1 号卷烟组比较均无统计学差异($P>0.05$)(见表 7-8)。

烟气暴露 3 个月,1 号卷烟组、2 号卷烟组动物各项抗氧化指标与 NS 组比较均无统计学差异($P>0.05$);2 号卷烟组动物各项抗氧化指标与 1 号卷烟组比较均无统计学差异($P>0.05$)(见表 7-8)。

烟气暴露 6 个月,1 号卷烟组和 2 号卷烟组动物 SOD、MDA、GSH 高于 NS 组,有统计学差异($P<0.01$、$P<0.01$、$P<0.01$、$P<0.01$、$P<0.05$、$P<0.01$);2 号卷烟组动物 MDA 低于 1 号卷烟组,GSH 高于 1 号卷烟组,有统计学差异($P<0.05$、$P<0.05$)(见表 7-8)。

烟气暴露 12 个月,1 号卷烟组动物 GSH 高于 NS 组,有统计学差异($P<0.01$);2 号卷烟组动物 GSH 低于 1 号卷烟组,有统计学差异($P<0.05$)(见表 7-8)。

表7-8 烟气暴露对大鼠血清抗氧化指标的影响($\bar{x}\pm s$)

时间	项目	组别		
		NS组	1号卷烟组	2号卷烟组
烟气暴露 1个月 ($n=12$)	SOD/(U/mL)	287.4±90.1	286.6±56.7	239.8±31.2
	MDA/(nmol/mL)	3.3±1.7	1.9±0.7	3.0±1.1
	GSH/(μmol/L)	5.3±1.1	6.3±2.3	6.2±1.2
烟气暴露 3个月 ($n=12$)	SOD/(U/mL)	267.1±27.3	222.0±25.3	224.8±36.9
	MDA/(nmol/mL)	4.0±0.9	3.9±1.4	3.5±0.6
	GSH/(μmol/L)	14.8±2.1	11.6±1.3	12.9±2.9
烟气暴露 6个月 ($n=12$)	SOD/(U/mL)	137.3±15.5	183.9±32.7**	198.1±45.6**
	MDA/(nmol/mL)	4.2±0.6	5.6±0.8**	4.9±0.6*#
	GSH/(μmol/L)	11.2±4.3	20.1±4.8**	25.2±8.4**#
烟气暴露 12个月 ($n=12$)	SOD/(U/mL)	178.4±11.3	191.4±18.9	187.4±15.3
	MDA/(nmol/mL)	3.9±0.7	4.1±0.7	4.4±1.0
	GSH/(μmol/L)	13.6±3.3	36.2±15.9**	25.9±7.2#

注:与NS组比较,* $P<0.05$,** $P<0.01$;与1号卷烟组比较,# $P<0.05$。

SOD是生物体内存在的一种抗氧化酶,能催化超氧阴离子自由基歧化生成氧和过氧化氢,在机体氧化与抗氧化平衡中起着至关重要的作用。GSH是由谷氨酸、半胱氨酸和甘氨酸结合形成的含有巯基的三肽,具有抗氧化作用。MDA是体内脂质发生过氧化反应的产物,其水平可反映体内脂质过氧化的程度。上述表明,长期1号卷烟烟气暴露可使动物血清脂质过氧化产物(MDA)水平高于NS组,抗氧化水平(SOD、GSH)也高于NS组;同时,相对于1号卷烟,2号卷烟可进一步提高机体的抗氧化水平,降低脂质过氧化产物水平。

7.1.2.9 烟气暴露对大鼠组织病理学的影响

1. 烟气暴露对大鼠脏器重量的影响

烟气暴露1个月,1号卷烟组、2号卷烟组动物心脏重量低于NS组,有统计学差异($P<0.01$、$P<0.05$);1号卷烟组和2号卷烟组动物肾脏重量低于NS组,有统计学差异($P<0.05$、$P<0.01$)(见表7-9)。

烟气暴露3个月,1号卷烟组动物心脏重量低于NS组,有统计学差异($P<0.05$);2号

卷烟组动物各脏器重量与 NS 组和 1 号卷烟组比较均无统计学差异（$P>0.05$）（见表 7-9）。

烟气暴露 6 个月，1 号卷烟组动物脑重量高于 NS 组，肺脏重量低于 NS 组，有统计学差异（$P<0.05$、$P<0.01$）；2 号卷烟组动物肺脏重量低于 NS 组，有统计学差异（$P<0.01$）（见表 7-9）。

烟气暴露 12 个月，1 号卷烟组动物心脏、肝脏、脾脏、肾脏重量低于 NS 组，有统计学差异（$P<0.05$、$P<0.01$、$P<0.05$、$P<0.01$）；2 号卷烟组动物心脏、肝脏、肾脏重量低于 NS 组，有统计学差异（$P<0.01$、$P<0.05$、$P<0.01$）（见表 7-9）。

表 7-9　烟气暴露对大鼠脏器重量的影响（$\bar{x}\pm s$,g）

时间	项目	组别		
		NS 组	1 号卷烟组	2 号卷烟组
烟气暴露 1 个月 （$n=12$）	脑	2.023±0.110	2.035±0.067	2.028±0.097
	心脏	1.390±0.117	1.288±0.086**	1.312±0.082*
	肝脏	12.512±1.655	11.268±1.720	11.219±1.518
	脾脏	0.779±0.094	0.838±0.157	0.765±0.120
	肺脏	0.784±0.064	0.780±0.053	0.763±0.067
	肾脏	3.136±0.312	2.883±0.215*	2.780±0.242**
	肾上腺	0.070±0.020	0.075±0.015	0.071±0.014
	胸腺	0.361±0.097	0.343±0.097	0.411±0.080
	睾丸	3.438±0.240	3.439±0.237	3.350±0.203
	附睾	1.311±0.249	1.343±0.144	1.305±0.105
烟气暴露 3 个月 （$n=12$）	脑	2.146±0.104	2.095±0.128	2.101±0.104
	心脏	1.566±0.130	1.414±0.141*	1.490±0.167
	肝脏	13.572±1.492	12.511±1.636	12.674±1.968
	脾脏	0.880±0.075	0.815±0.138	0.798±0.085
	肺脏	0.906±0.065	0.908±0.093	0.894±0.065
	肾脏	3.347±0.304	3.258±0.299	3.179±0.271
	肾上腺	0.068±0.008	0.062±0.014	0.066±0.009
	胸腺	0.302±0.089	0.298±0.076	0.256±0.058
	睾丸	3.613±0.531	3.473±0.318	3.507±0.467
	附睾	1.598±0.246	1.558±0.218	1.680±0.314

续表

时间	项目	组别		
		NS 组	1 号卷烟组	2 号卷烟组
烟气暴露 6 个月 ($n=12$)	脑	2.147±0.090	2.334±0.324*	2.181±0.110
	心脏	1.723±0.208	1.646±0.188	1.599±0.242
	肝脏	15.281±2.587	14.518±1.845	14.075±2.223
	脾脏	0.880±0.086	0.878±0.142	0.890±0.181
	肺脏	1.347±0.237	1.054±0.095**	1.107±0.230**
	肾脏	3.427±0.311	3.320±0.328	3.217±0.356
	肾上腺	0.069±0.011	0.065±0.007	0.063±0.011
	胸腺	0.292±0.090	0.282±0.063	0.248±0.084
	睾丸	3.754±0.289	3.936±0.352	3.830±0.311
	附睾	1.521±0.236	1.513±0.196	1.522±0.172
烟气暴露 12 个月 ($n=12$)	脑	2.225±0.105	2.237±0.114	2.227±0.083
	心脏	1.926±0.190	1.744±0.200*	1.617±0.242**
	肝脏	18.994±2.871	15.008±1.887**	16.946±2.953*
	脾脏	1.093±0.186	0.925±0.129*	0.979±0.249
	肺脏	1.326±0.277	1.283±0.121	1.177±0.157
	肾脏	3.941±0.498	3.376±0.353**	3.471±0.436**
	肾上腺	0.068±0.013	0.073±0.016	0.069±0.006
	胸腺	0.351±0.140	0.264±0.109	0.266±0.088
	睾丸	3.952±0.322	3.732±0.290	3.708±0.456
	附睾	1.606±0.197	1.580±0.058	1.570±0.162

注：与 NS 组比较，* $P<0.05$，** $P<0.01$。

上述表明，长期烟气暴露可引起动物心脏、肝脏、脾脏、肺脏、肾脏等脏器重量减轻。

2. 烟气暴露对大鼠脏器系数的影响

烟气暴露 1 个月，1 号卷烟组、2 号卷烟组动物各脏器系数与 NS 组比较均无统计学差异（$P>0.05$）；2 号卷烟组动物各脏器系数与 1 号卷烟组比较均无统计学差异（$P>0.05$）（见表 7-10）。

烟气暴露 3 个月，2 号卷烟组动物脑系数高于 NS 组，有统计学差异（$P<0.05$）；1 号卷

烟组、2 号卷烟组动物肺脏系数高于 NS 组,有统计学差异($P<0.05$、$P<0.05$)(见表 7-10)。

烟气暴露 6 个月,1 号卷烟组动物脑、脾脏、肾脏、睾丸、附睾系数高于 NS 组,有统计学差异($P<0.01$,$P<0.05$,$P<0.05$,$P<0.01$,$P<0.05$);2 号卷烟组动物脑、睾丸系数高于 NS 组,有统计学差异($P<0.05$、$P<0.01$);2 号卷烟组动物脑系数低于 1 号卷烟组,有统计学差异($P<0.05$)(见表 7-10)。

烟气暴露 12 个月,1 号卷烟组动物脑、肾上腺、附睾系数高于 NS 组,有统计学差异($P<0.01$、$P<0.01$、$P<0.01$);2 号卷烟组动物脑、肾上腺、附睾系数高于 NS 组,有统计学差异($P<0.01$,$P<0.05$,$P<0.01$);2 号卷烟组动物肝脏系数高于 1 号卷烟组,有统计学差异($P<0.01$)(见表 7-10)。

表 7-10　烟气暴露对大鼠脏器系数的影响($\bar{x}\pm s$,%)

时间	项目	组别		
		NS组	1号卷烟组	2号卷烟组
烟气暴露 1 个月 ($n=12$)	脑	0.432±0.032	0.463±0.029	0.462±0.042
	心脏	0.297±0.027	0.293±0.023	0.299±0.033
	肝脏	2.667±0.348	2.543±0.240	2.541±0.287
	脾脏	0.166±0.020	0.189±0.029	0.174±0.027
	肺脏	0.169±0.017	0.177±0.016	0.173±0.014
	肾脏	0.670±0.081	0.655±0.054	0.631±0.056
	肾上腺	0.015±0.004	0.017±0.003	0.016±0.003
	胸腺	0.077±0.019	0.078±0.023	0.094±0.020
	睾丸	0.734±0.061	0.782±0.067	0.765±0.093
	附睾	0.281±0.056	0.306±0.040	0.298±0.041
烟气暴露 3 个月 ($n=12$)	脑	0.366±0.025	0.389±0.029	0.397±0.036*
	心脏	0.267±0.021	0.262±0.024	0.280±0.027
	肝脏	2.308±0.160	2.306±0.111	2.347±0.176
	脾脏	0.151±0.017	0.150±0.012	0.150±0.011
	肺脏	0.153±0.010	0.169±0.020*	0.169±0.015*
	肾脏	0.570±0.041	0.604±0.052	0.600±0.063
	肾上腺	0.012±0.002	0.012±0.003	0.012±0.002
	胸腺	0.053±0.017	0.056±0.015	0.048±0.012

续表

时间	项目	组别		
		NS 组	1 号卷烟组	2 号卷烟组
烟气暴露 3 个月 （n＝12）	睾丸	0.614±0.075	0.645±0.063	0.659±0.076
	附睾	0.272±0.039	0.290±0.046	0.316±0.057
烟气暴露 6 个月 （n＝12）	脑	0.320±0.026	0.408±0.062**	0.367±0.038*#
	心脏	0.256±0.031	0.288±0.041	0.268±0.045
	肝脏	2.279±0.425	2.546±0.424	2.364±0.414
	脾脏	0.131±0.018	0.153±0.024*	0.150±0.034
	肺脏	0.200±0.028	0.184±0.018	0.185±0.038
	肾脏	0.512±0.063	0.582±0.078*	0.539±0.066
	肾上腺	0.010±0.002	0.011±0.001	0.011±0.002
	胸腺	0.044±0.015	0.049±0.011	0.042±0.016
	睾丸	0.559±0.045	0.688±0.075**	0.642±0.066**
	附睾	0.228±0.045	0.264±0.034*	0.256±0.038
烟气暴露 12 个月 （n＝12）	脑	0.291±0.028	0.341±0.042**	0.341±0.042**
	心脏	0.250±0.023	0.265±0.033	0.245±0.022
	肝脏	2.456±0.223	2.271±0.215	2.556±0.260##
	脾脏	0.141±0.024	0.140±0.020	0.149±0.036
	肺脏	0.173±0.037	0.196±0.032	0.178±0.016
	肾脏	0.511±0.048	0.512±0.056	0.528±0.071
	肾上腺	0.009±0.001	0.011±0.002**	0.010±0.002*
	胸腺	0.046±0.018	0.036±0.019	0.041±0.015
	睾丸	0.515±0.052	0.570±0.080	0.563±0.057
	附睾	0.209±0.021	0.241±0.028**	0.240±0.032**

注：与 NS 组比较，* $P<0.05$，** $P<0.01$；与 1 号卷烟组比较，# $P<0.05$，## $P<0.01$。

3. 烟气暴露对大鼠脏脑比值的影响

烟气暴露 1 个月，1 号卷烟组动物心脏脏脑比值低于 NS 组，有统计学差异（$P<$ 0.05）；1 号卷烟组、2 号卷烟组动物肾脏脏脑比值低于 NS 组，有统计学差异（$P<0.05$、P

＜0.01)(见表 7-11)。

　　烟气暴露 3 个月,1 号卷烟组和 2 号卷烟组动物各脏器脏脑比值与 NS 组比较均无统计学差异(P＞0.05);2 号卷烟组动物各脏器脏脑比值与 1 号卷烟组比较均无统计学差异(P＞0.05)(见表 7-11)。

　　烟气暴露 6 个月,1 号卷烟组、2 号卷烟组动物肺脏脏脑比值低于 NS 组,有统计学差异(P＜0.01,P＜0.01)(见表 7-11)。

　　烟气暴露 12 个月,1 号卷烟组动物心脏、肝脏、脾脏、肾脏、胸腺脏脑比值低于 NS 组,有统计学差异(P＜0.05,P＜0.01,P＜0.05,P＜0.01,P＜0.05);2 号卷烟组动物心脏、肝脏、肾脏脏脑比值低于 NS 组,有统计学差异(P＜0.01、P＜0.05、P＜0.01)(见表 7-11)。

表 7-11　烟气暴露对大鼠脏脑比值的影响($\bar{x}\pm s$)

时间	项目	组别		
		NS 组	1 号卷烟组	2 号卷烟组
烟气暴露 1 个月 ($n=12$)	脑	1.000 ± 0.000	1.000 ± 0.000	1.000 ± 0.000
	心脏	0.689 ± 0.072	$0.633\pm0.045^*$	0.648 ± 0.049
	肝脏	6.192 ± 0.787	5.533 ± 0.789	5.543 ± 0.809
	脾脏	0.386 ± 0.056	0.412 ± 0.080	0.379 ± 0.066
	肺脏	0.392 ± 0.043	0.383 ± 0.026	0.377 ± 0.035
	肾脏	1.553 ± 0.155	$1.419\pm0.133^*$	$1.372\pm0.128^{**}$
	肾上腺	0.035 ± 0.009	0.037 ± 0.007	0.035 ± 0.008
	胸腺	0.179 ± 0.049	0.168 ± 0.045	0.203 ± 0.042
	睾丸	1.703 ± 0.131	1.691 ± 0.109	1.657 ± 0.149
	附睾	0.653 ± 0.137	0.661 ± 0.074	0.645 ± 0.060
烟气暴露 3 个月 ($n=12$)	脑	1.000 ± 0.000	1.000 ± 0.000	1.000 ± 0.000
	心脏	0.730 ± 0.054	0.674 ± 0.046	0.710 ± 0.082
	肝脏	6.328 ± 0.651	5.958 ± 0.540	6.057 ± 0.918
	脾脏	0.411 ± 0.040	0.388 ± 0.052	0.381 ± 0.045
	肺脏	0.421 ± 0.032	0.434 ± 0.042	0.427 ± 0.041
	肾脏	1.562 ± 0.140	1.558 ± 0.139	1.515 ± 0.127
	肾上腺	0.031 ± 0.003	0.030 ± 0.006	0.032 ± 0.005
	胸腺	0.143 ± 0.045	0.142 ± 0.035	0.123 ± 0.032
	睾丸	1.683 ± 0.233	1.661 ± 0.158	1.673 ± 0.234
	附睾	0.745 ± 0.110	0.745 ± 0.105	0.801 ± 0.156

续表

时间	项目	组别		
		NS组	1号卷烟组	2号卷烟组
烟气暴露 6个月 ($n=12$)	脑	1.000 ± 0.000	1.000 ± 0.000	1.000 ± 0.000
	心脏	0.802 ± 0.086	0.716 ± 0.116	0.734 ± 0.112
	肝脏	7.095 ± 0.986	6.288 ± 0.982	6.465 ± 1.068
	脾脏	0.410 ± 0.034	0.384 ± 0.081	0.408 ± 0.083
	肺脏	0.628 ± 0.107	$0.455\pm0.045**$	$0.508\pm0.105**$
	肾脏	1.595 ± 0.108	1.444 ± 0.225	1.477 ± 0.167
	肾上腺	0.032 ± 0.004	0.029 ± 0.005	0.029 ± 0.005
	胸腺	0.136 ± 0.039	0.123 ± 0.031	0.113 ± 0.038
	睾丸	1.751 ± 0.145	1.715 ± 0.270	1.760 ± 0.171
	附睾	0.711 ± 0.123	0.660 ± 0.120	0.696 ± 0.070
烟气暴露 12个月 ($n=12$)	脑	1.000 ± 0.000	1.000 ± 0.000	1.000 ± 0.000
	心脏	0.865 ± 0.073	$0.783\pm0.109*$	$0.726\pm0.103**$
	肝脏	8.541 ± 1.270	$6.737\pm0.992**$	$7.615\pm1.323*$
	脾脏	0.489 ± 0.075	$0.414\pm0.061*$	0.438 ± 0.101
	肺脏	0.595 ± 0.119	0.575 ± 0.064	0.529 ± 0.071
	肾脏	1.774 ± 0.246	$1.514\pm0.186**$	$1.559\pm0.195**$
	肾上腺	0.031 ± 0.006	0.033 ± 0.008	0.031 ± 0.003
	胸腺	0.158 ± 0.065	$0.109\pm0.063*$	0.120 ± 0.041
	睾丸	1.776 ± 0.111	1.676 ± 0.195	1.664 ± 0.185
	附睾	0.721 ± 0.075	0.708 ± 0.039	0.704 ± 0.059

注:与NS组比较,$*P<0.05$,$**P<0.01$。

脏器系数是实验动物某脏器的重量与其体重的比值,脏器系数增大,表示脏器充血、水肿或增生肥大等;脏器系数减小,表示脏器萎缩或退行性改变。但在动物体重明显下降的一定阶段,脏器重量没有下降,脏器系数会变大。脑重是动物较为恒定的基准重量,脏脑比值在一定程度上可以弥补脏器系数的不足,较为客观地反映脏器的相对重量。在本实验中,可观察到长期烟气暴露对动物体重有明显影响,而对动物脑重量无明显影响。

从上述脏器重量、脏脑比值结果可发现,长期烟气暴露可引起心脏、肝脏、脾脏、肺脏、肾脏等脏器绝对重量和相对重量减轻。

4. 烟气暴露对大鼠组织病理学的影响

烟气暴露1个月,1号卷烟组、2号卷烟组动物心脏间质淋巴细胞浸润发生率略高于

NS组;1号卷烟组动物肺泡间隔断裂发生率显著高于 NS组,同时也高于 2号卷烟组;1号卷烟组和 2号卷烟组动物肾上腺束状带细胞空泡化发生率与 NS组基本一致(见表 7-12)。

烟气暴露 3个月,1号卷烟组、2号卷烟组动物心脏间质淋巴细胞浸润发生率一致,均高于 NS组;1号卷烟组动物肺泡间隔断裂发生率和病变程度均高于 NS组,2号卷烟组动物肺泡间隔断裂发生率和病变程度低于 1号卷烟组,而且 1号卷烟组动物有 1例肺泡及间质内出血;1号卷烟组动物肾上腺束状带细胞空泡化发生率与 NS组一致,但病变程度高于 NS组,2号卷烟组动物肾上腺束状带细胞空泡化发生率和病变程度低于 1号卷烟组(见表 7-12)。

烟气暴露 6个月,1号卷烟组、2号卷烟组动物心脏间质淋巴细胞浸润发生率低于 NS组;1号卷烟组动物肺泡间隔断裂发生率和病变程度均高于 NS组,2号卷烟组动物肺泡间隔断裂发生率和病变程度低于 1号卷烟组;1号卷烟组、2号卷烟组动物肾上腺束状带细胞空泡化发生率和病变程度与 NS组基本一致(见表 7-12)。

烟气暴露 12个月,1号卷烟组、2号卷烟组动物心脏间质淋巴细胞浸润发生率与 NS组基本一致;1号卷烟组动物肺泡间隔断裂发生率和病变程度均高于 NS组,2号卷烟组动物肺泡间隔断裂发生率和病变程度低于 1号卷烟组,1号卷烟组、2号卷烟组动物肺脏含铁血黄素颗粒沉积发生率均高于 NS组,其中 1号卷烟组动物病变程度高于 2号卷烟组,1号卷烟组动物有 1例肺泡及间质内出血;1号卷烟组、2号卷烟组动物肾上腺束状带细胞空泡化发生率略高于 NS组(见表 7-12)。

上述表明,长期 1号卷烟烟气暴露可引起动物肺泡间隔断裂发生率和病变程度增加,而 2号卷烟相对于 1号卷烟可降低肺泡间隔断裂发生率和病变程度。

表 7-12　烟气暴露对大鼠组织病理学的影响

时间	组织器官	异常	所见病变动物数		
			NS组	1号卷烟组	2号卷烟组
烟气暴露1个月(n=12)	心脏	间质淋巴细胞浸润	1	2	2
		＋	1	2	2
		＋＋	0	0	0
	肺脏	肺泡间隔断裂	1	5	1
		＋	1	5	1
		＋＋	0	0	0
	肾上腺	束状带细胞空泡化	2	2	2
		＋	2	2	1
		＋＋	0	0	1

续表

时间	组织器官	异常	所见病变动物数		
			NS组	1号卷烟组	2号卷烟组
烟气暴露 3个月 ($n=12$)	心脏	间质淋巴细胞浸润	0	3	3
		＋	0	3	3
		＋＋	0	0	0
	肺脏	肺泡间隔断裂	0	3	2
		＋	0	2	2
		＋＋	0	1	0
		肺泡及间质内出血	0	1	0
		＋	0	1	0
		＋＋	0	0	0
	肾上腺	束状带细胞空泡化	2	2	1
		＋	2	0	1
		＋＋	0	2	0
烟气暴露 6个月 ($n=12$)	心脏	间质淋巴细胞浸润	3	1	1
		＋	2	1	0
		＋＋	1	0	1
	肺脏	肺泡间隔断裂	1	6	3
		＋	1	5	3
		＋＋	0	1	0
	肾上腺	束状带细胞空泡化	3	3	3
		＋	2	2	2
		＋＋	1	1	1
烟气暴露 12个月 ($n=12$)	心脏	间质淋巴细胞浸润	4	5	4
		＋	4	4	4
		＋＋	0	1	0

续表

时间	组织器官	异常	所见病变动物数		
			NS 组	1 号卷烟组	2 号卷烟组
烟气暴露12 个月（$n=12$）	肺脏	肺泡间隔断裂	3	6	4
		＋	3	3	4
		＋＋	0	3	0
		含铁血黄素颗粒沉积	0	2	2
		＋	0	0	2
		＋＋	0	2	0
		肺泡及间质内出血	0	1	0
		＋	0	1	0
		＋＋	0	0	0
	肾上腺	束状带细胞空泡化	1	3	2
		＋	1	3	2
		＋＋	0	0	0

7.1.2.10　讨论

AST 主要分布于心肌、肝脏等组织中,正常血清中的 AST 含量较低,但相应细胞膜通透性增加时,胞浆内的 AST 释放入血,引起血清中 AST 升高;CK 主要存在于骨骼肌、心肌细胞的细胞质和线粒体中。本研究中,2 号卷烟烟气暴露 1 个月可一过性引起 AST、CK 升高,组织病理学检查心脏未见明显异常,心脏系数和脏脑比值也未见异常,因此,该组动物的 AST、CK 改变应为功能性的一过性改变,无毒理学意义。1 号卷烟组动物在烟气暴露 12 个月后,出现 AST 升高,提示长期 1 号卷烟烟气暴露可引起动物 AST 升高。在张雁[1] 的研究中,同样发现烟气暴露组大鼠 AST 有升高现象。此外,烟气暴露 3 个月,相对于 1 号卷烟,2 号卷烟烟气暴露引起的 K^+、Na^+ 浓度升高程度较缓,但在烟气暴露后期,两组结果无明显差异。

APTT 是反映内源性凝血途径凝血因子综合活性的指标。在动物烟气暴露过程中发

现,烟气暴露 6 个月后,1 号卷烟组和 2 号卷烟组动物 APTT 均有不同程度的降低,烟气暴露 12 个月后恢复,提示烟气暴露可一过性引起动物 APTT 降低。王琴琴[2]在对吸烟哮喘患者凝血功能的研究中发现吸烟组患者 APTT 低于不吸烟组。周岩[3]也发现吸烟可导致肺癌患者 APTT 明显降低。

IL-6 作为前炎症细胞因子,在炎症反应过程中起着重要的作用,通常作为判断炎症反应程度的指标。郭辉[4]研究发现,吸烟组大鼠肺泡灌洗液和血清中的 IL-6 水平均高于对照组。张雁研究发现吸烟组大鼠肺组织匀浆液中的 IL-6 水平高于对照组。在本研究中,烟气暴露 3 个月,1 号卷烟组动物 IL-6 高于 NS 组,而 2 号卷烟组动物 IL-6 低于 1 号卷烟组,表明相对于 1 号卷烟,2 号卷烟可有效减轻烟气暴露引起的炎症反应。C3 是血清中含量较高的补体分子,其在完成补体系统的多种功能中具有十分重要的作用。烟气暴露 12 个月,2 号卷烟组动物 C3 高于 NS 组,同时也高于 1 号卷烟组,表明 2 号卷烟可提升烟气暴露动物的免疫水平。

SOD 是生物体内存在的一种抗氧化酶,能催化超氧阴离子自由基歧化生成氧和过氧化氢,在机体氧化与抗氧化平衡中起着至关重要的作用。GSH 是由谷氨酸、半胱氨酸和甘氨酸结合形成的含有巯基的三肽,具有抗氧化作用。MDA 是体内脂质发生过氧化反应的产物,其水平可反映体内脂质过氧化的程度。烟气暴露 6 个月,1 号卷烟组动物 SOD、MDA、GSH 高于 NS 组,在郭辉和张雁的研究中也发现吸烟组大鼠肺组织匀浆液中的 MDA、GSH 高于对照组,这与本实验结果基本一致。此外,在本实验中,烟气暴露 6 个月,2 号卷烟组动物 SOD、GSH 高于 1 号卷烟组,MDA 低于 1 号卷烟组,提示 2 号卷烟可抑制长期烟气暴露引起的机体氧化水平升高。

脏器系数是实验动物某脏器的重量与其体重的比值,脏器系数增大,表示脏器充血、水肿或增生肥大等;脏器系数减小,表示脏器萎缩或退行性改变。但在动物体重明显下降的一定阶段,脏器重量没有下降,脏器系数会变大。脑重是动物较为恒定的基准重量,脏脑比值在一定程度上可以弥补脏器系数的不足,较为客观地反映脏器的相对重量。在本实验中,可观察到长期烟气暴露可引起动物心脏、肝脏、脾脏、肺脏、肾脏等脏器绝对重量和相对重量减轻。

7.1.3　小结

本研究成功建立了 12 个月烟气暴露大鼠模型,烟气暴露毒理学结果表明,长期烟气暴露对大鼠体重增长有明显影响,可引起大鼠血清 MDA 含量增加,IL-6 水平升高,而 2 号卷烟相对于 1 号卷烟,可提高机体抗氧化能力,改善机体免疫功能。

7.2 呼吸系统功能学研究

慢性阻塞性肺疾病(chronic obstructive pulmonary disease,COPD)简称慢阻肺,主要表现为进行性呼吸困难及肺功能下降,反复发作后,将发展成慢性肺源性心脏病,导致严重的心、肺功能障碍,甚至多个器官的功能衰竭[5]。卫生部曾对我国北部及中部地区农村进行调查,结果表明,15 岁以上人群的 COPD 患病率为 3%。我国城市人口十大死因中,呼吸病(主要是慢阻肺)占 13.89%,居第 4 位,在农村占 22.04%,居第 1 位[6]。COPD 曾居中国疾病负担首位[7]。鉴于 COPD 在全球造成的巨大危害,世界卫生组织将每年 11 月第三周的周三定为世界 COPD 日。

在导致 COPD 的诸多诱因中,吸烟是最大的危险因素,超过七成的 COPD 是由吸烟所导致的[8]。吸烟的年龄越早、吸烟量越大,患病率越高,我国烟民中有 24% 患 COPD[9]。我国是烟草生产大国,也是烟草消费大国。调查结果表明,我国 35 岁以上男性吸烟率为 74%。吸烟者慢性支气管炎患病率较不吸烟者高 2~8 倍。已有研究证明戒烟可有效延缓肺功能下降。程显声等将劝告戒烟作为一项重要的干预措施,经过 8 年干预试验,干预区戒烟率显著高于对照区,且进一步研究发现干预区肺功能下降速度显著低于对照区;肺心病增加幅度显著小于对照区,社区干预可能不会在短时间内影响肺心病的死亡率,但持续数年的干预则可能有降低肺心病死亡率的作用[10]。国外研究也表明,控制吸烟是预防 COPD 首要的干预措施。虽然戒烟是防治 COPD 最有效的方法,但中国仍有 3 亿烟民[11]。

目前诱导肺损伤及 COPD 的模型主要采用的有三种方式,分别为吸烟、蛋白酶及化合物诱导,其中,吸烟作为 COPD 的主要病因之一,为目前广大研究者选择的主要的建模方法。吸烟诱导动物 COPD 模型在疾病发展上主要分为前期急性炎症聚集和后期慢性炎症诱导的肺部重塑两个阶段。卷烟烟气能导致黏膜纤毛系统结构和功能异常,引起支气管痉挛,直接损伤肺泡上皮导致肺血管内皮细胞及肺泡巨噬细胞聚集、活化,逐渐呈现相应的病理和生理学改变,被动吸烟法是研究卷烟对肺部损伤的主要建模方法[12]。

宁维等将 BALB/c 小鼠置于有机玻璃箱内,采用被动吸烟方式让小鼠吸烟 4 个月,发现小鼠肺部炎症细胞聚集,炎症因子分泌显著增加[13]。Shen L L 等采用类似全烟气暴露的方式给予小鼠连续 4 天的烟气暴露,结果发现小鼠肺部炎症细胞浸润,炎症因子分泌增加,肺组织中的 SOD、MPO 水平均显著上升[14]。李若葆等将模型组雄性 Wistar 大鼠放置于自制烟熏箱中,每次燃烧 10 支卷烟,1.5 h/次,2 次/天,5 天/周,连续 6 个月。结果显示正常组大鼠肺部组织正常,而吸烟组大鼠细支气管上皮增生肥大、排列紊乱,细支气管壁增厚,并伴有淋巴细胞、中性粒细胞及巨噬细胞等炎症细胞的浸润,提示大鼠 COPD 模型成功

建立[15]。甘丽杏等将雄性 SD 大鼠置于烟熏箱中,每次燃烧卷烟 5 支,2 次/天,中间间歇 4 h 以上,连续 90 天。结果显示吸烟组大鼠存在不同程度的炎性改变,包括气道上皮破坏、细支气管上皮肥大、排列紊乱,细支气管壁增厚,并伴有炎症细胞浸润、气道平滑肌增生等[16]。孔令雯等使雄性 SD 大鼠在每天上下午各被动吸烟 1 次,每次放置 5 支卷烟,燃尽后更换,持续 30 min,6 天/周,连续 2 个月,第 60 天吸完烟后将雄性 SD 大鼠处死。结果发现 COPD 组大鼠气管周围及血管周围平滑肌增生,气管黏膜下腺体增生肥大,周围大量的淋巴细胞、中性粒细胞浸润,大量肺泡壁缺损、融合形成肺大疱[17]。甘桂香等每日将雄性 Wistar 大鼠置于自制染毒箱内,暴露于卷烟中 2 次(对照组大鼠也置于染毒箱内做伪暴露),每次 1 h,2 次之间相隔不少于 4 h。第 1 次燃烧 4 支卷烟,随后每次 2 支卷烟,每支卷烟燃烧约 12 min,换烟间歇 3 min。结果显示吸烟组大鼠肺泡结构紊乱,支气管内出现以淋巴细胞为主的炎症细胞浸润[18]。段珊等将豚鼠暴露于卷烟烟气中,病理形态学检查显示符合 COPD 表现[19]。

7.2.1 实验方法

7.2.1.1 肺泡灌洗及炎症细胞计数

处死大鼠,在支气管处结扎右肺,对左肺进行支气管肺泡灌洗 3 次,每次灌洗液 5 mL,冰浴保存支气管肺泡灌洗液(BALF),混匀后进行细胞计数。采集结扎的肺组织,将右肺下叶置于固定液中固定,其余两叶置于 -80 ℃ 冰箱保存。取重悬后的细胞液 200 μL 用于细胞涂片,细胞样本晾干后按照试剂说明书进行瑞氏-姬姆萨染色。染色后自然晾干,在显微镜下对中性粒细胞、巨噬细胞和淋巴细胞进行计数。

7.2.1.2 肺功能检测

用 3% 的戊巴比妥钠麻醉大鼠,待肺动脉压力测定完成后,分离大鼠气管,进行气管插管,并置于体积描记箱中,连入 AniRes 2005 动物肺功能检测仪。每只大鼠测定 5 次用力肺活量(FVC)和 0.1 s 呼出气体百分率($FEV_{0.1}/FVC$),取 5 次的平均值作为测定值。

7.2.1.3 肺部病理检查

取未灌洗的右肺下叶浸入福尔马林中固定一周,然后取出肺组织,用双面刀片将肺组织切割成 1 cm³ 左右大小的块,脱水。

用石蜡包埋,待石蜡凝固后切片,切片厚约 5 μm。将切片黏附到载玻片后,进行 HE

染色或 PAS 染色。

将载玻片从玻片架上取下,滴加 1~2 滴中性树胶,用眼科镊夹住盖玻片的一角,轻轻盖上盖玻片,让中性树胶充分展开,然后倾斜玻片,用吸水纸吸干多余的中性树胶,拍片进行病理检查。

7.2.1.4 统计方法

使用 SPSS 统计软件进行统计,结果以 $\bar{x} \pm s$ 表示。数据采用方差分析,用单因素方差分析检验样本方差齐性,若无显著差异,采用 t 检验检验均数差异性,若方差不齐,则采用非参数检验进行两两均数比较。所有吸烟组均与对照组(NS 组)进行比较。$P < 0.05$ 认为有统计学意义。

7.2.2 结果和讨论

7.2.2.1 卷烟主流烟气对大鼠肺部炎症细胞的影响

为了系统分析卷烟主流烟气对大鼠肺部炎症和肺功能的影响,将大鼠暴露于 1 号卷烟和 2 号卷烟主流烟气中,每天 60 min,连续暴露 1、3、6 和 12 个月后,分别检测大鼠肺部炎症、肺功能等相关指标。研究发现,对比 NS 组,1 号卷烟组和 2 号卷烟组大鼠肺部均出现不同程度的肺泡损伤及炎症细胞浸润,且随着暴露时间增加,浸润到肺部的炎症细胞逐渐增加。进一步对比 2 号卷烟组和 1 号卷烟组大鼠,发现 2 号卷烟组大鼠肺泡灌洗液中的炎症细胞显著少于 1 号卷烟组,表明 2 号卷烟主流烟气暴露诱导大鼠肺部炎症的作用显著低于 1 号卷烟,大鼠被动吸入 2 号卷烟烟气对比 1 号卷烟能减少肺部炎症的聚集。表 7-13 反映了烟气暴露 12 个月对大鼠肺泡灌洗液中炎症细胞的影响。

表 7-13　烟气暴露 12 个月对大鼠肺泡灌洗液中炎症细胞的影响($\bar{x} \pm s, 1 \times 10^5$)

细胞类型	例数	组别		
		NS 组	1 号卷烟组	2 号卷烟组
总细胞		20.63 ± 1.61	$35.92 \pm 2.95^{\#\#}$	$23.05 \pm 1.37^{**}$
巨噬细胞	$n = 10 \sim 12$	16.68 ± 1.34	$24.93 \pm 1.96^{\#\#}$	$18.06 \pm 1.18^{**}$
中性粒细胞		2.99 ± 0.29	$5.46 \pm 0.76^{\#\#}$	$3.42 \pm 0.34^{*}$
淋巴细胞		0.96 ± 0.19	$5.53 \pm 0.72^{\#\#}$	$1.57 \pm 0.22^{**}$

注:与 NS 组比较,$^{\#\#} P < 0.01$;与 1 号卷烟组比较,$^{*} P < 0.05$,$^{**} P < 0.01$。

7.2.2.2 卷烟主流烟气对大鼠肺功能的影响

肺功能检测显示不同卷烟连续暴露 1 个月后,各卷烟烟气暴露组对比 NS 组,无论是 FVC 还是 $FEV_{0.1}/FVC$ 均未出现显著变化。连续暴露 3 个月后,1 号卷烟组对比 NS 组, FVC 显著下降,$FEV_{0.1}/FVC$ 则未出现显著变化;2 号卷烟组对比 1 号卷烟组,FVC 出现显著的改善。连续暴露 6 个月后,1 号卷烟组对比 NS 组,FVC 和 $FEV_{0.1}/FVC$ 显著下降;2 号卷烟组对比 1 号卷烟组,FVC 和 $FEV_{0.1}/FVC$ 出现显著的改善。连续暴露 12 个月后,1 号卷烟组对比 NS 组,FVC 和 $FEV_{0.1}/FVC$ 显著下降;2 号卷烟组对比 1 号卷烟组,FVC 和 $FEV_{0.1}/FVC$ 出现显著的改善。表 7-14 反映了烟气暴露 12 个月对大鼠肺功能的影响。

表 7-14　烟气暴露 12 个月对大鼠肺功能的影响($\bar{x} \pm s$)

测定指标	例数	组别		
		NS 组	1 号卷烟组	2 号卷烟组
FVC/mL	$n=9\sim12$	15.54±0.51	13.12±0.39##	14.90±0.54*
$FEV_{0.1}/FVC/(\%)$		35.24±1.56	28.10±0.95##	32.61±1.63*

注:与 NS 组比较,## $P<0.01$;与 1 号卷烟组比较,* $P<0.05$。

7.2.2.3 卷烟主流烟气对大鼠肺部病理的影响

将大鼠分别暴露于 1 号卷烟和 2 号卷烟主流烟气中,暴露 1、3、6 和 12 个月后,分别取右肺下叶进行固定、脱水、切片、染色,观察不同烟气暴露不同时间对大鼠肺脏病理的影响。图 7-3 反映了烟气暴露对肺组织病理的影响。

经 1 号卷烟主流烟气连续暴露 1 个月后,对比 NS 组,大鼠肺泡中均出现不同程度的水肿增加、肺泡结构紊乱、肺泡壁增厚、炎症细胞浸润增加的现象;而 2 号卷烟组大鼠肺部水肿、肺泡结构紊乱及炎症细胞浸润情况对比 1 号卷烟组明显较轻。经 1 号卷烟主流烟气连续暴露 12 个月后,对比 NS 组,大鼠肺泡中均出现典型的肺大疱现象;2 号卷烟组大鼠肺部虽然也出现了肺大疱,但是其肺大疱程度显著低于 1 号卷烟组。

以上结果表明,大鼠长期暴露于卷烟主流烟气中,在前 3 个月主要呈现以炎症为主的肺部表征,随着烟气暴露时间增加,肺部重构加剧,表现为肺部水肿、肺泡壁增厚,最终逐步形成典型的肺大疱现象。

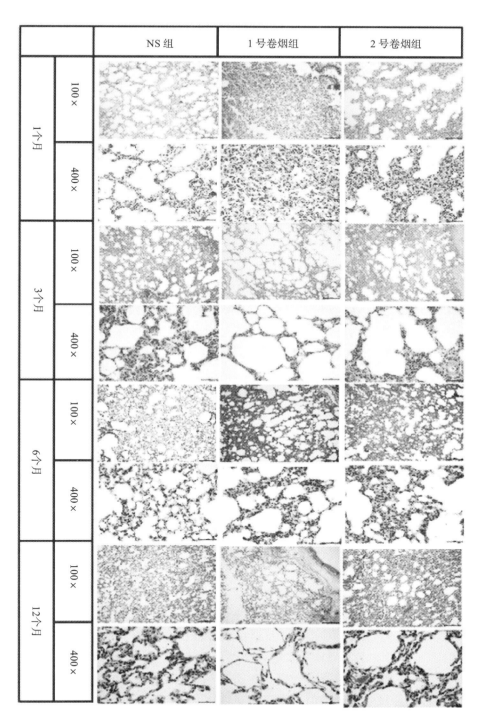

图 7-3　烟气暴露对肺组织病理的影响

7.3　心血管系统功能学研究

　　心血管疾病有极高的患病率和死亡率,吸烟是心血管疾病的一个重要危险因素。据世界卫生组织 2011 年不完全统计,全世界直接由吸烟导致死亡的每年约有 500 万人,其中约 60 万人与二手烟相关[20]。不管是主动吸烟还是被动吸烟,其对心血管系统的危害都是肯定的,二手烟使心血管疾病风险增加 25%～30%[21]。吸烟导致心脏损伤有两个重要的可相互转换的机制:一是对心肌的不利作用直接导致吸烟相关性心肌病;二是吸烟导致的动脉粥样硬化、高血压等并发症间接导致心脏损伤及心室重塑。然而急慢性烟草烟气暴露导致心室重塑的机制还没有很好地被阐明[22]。

　　吸烟与心力衰竭:心力衰竭作为各种心血管疾病的终末结局,严重影响了人们的生活质量,有较高的患病率及死亡率。Wilson 等通过对数千名参与者的心脏功能进行研究发现,吸烟能明显导致左心室厚度增加,降低心脏泵血功能,进而增加心力衰竭的风险[23]。Gopal 等研究发现,在控制心力衰竭其他临床危险因素和冠心病事件后,与不吸烟者相比,吸烟者发生心力衰竭的风险显著增加,但是二者之间没有明显的剂量-效应关系,表明在心力衰竭风险中,不存在安全吸烟水平[24]。吸烟可通过炎症介导导致动脉粥样硬化,在控制炎症标志物后,心力衰竭的风险仍然存在,提示吸烟与心力衰竭的关系仍有其他重要的机制。研究表明吸烟直接导致氧化自由基的产生、心肌线粒体损伤及游离脂肪酸释放,这些机制在很大程度上加速了心力衰竭的发展[25-28]。越来越多的研究表明动脉僵硬度增加与心力衰竭相关[29-32]。

　　吸烟与冠心病:吸烟是冠心病的一个重要的危险因素。研究发现,吸烟会增加冠心病的发生率,即使是少量吸烟,心血管事件的发生率也高于从不吸烟者[33]。吸烟能够诱发急性冠状动脉综合征、稳定型心绞痛、心源性猝死和脑卒中,同时使主动脉及外周动脉粥样硬化的风险增加,导致间歇性跛行和腹主动脉瘤[34]。吸烟导致的血管收缩障碍、炎症、脂质代谢紊乱是动脉粥样硬化发生发展的重要因素[35]。吸烟刺激交感神经会导致一系列的血流动力学改变,如心率、冠状动脉阻力、心肌收缩力和心肌氧耗增加,从而增加急性心血管事件的风险[36]。吸烟也会导致冠状动脉痉挛[17]。卷烟烟气也会引起血液黏度增加,导致血栓形成[37]。近年来,有研究提出遗传因素会影响暴露于卷烟烟气的动脉粥样硬化的进展,吸烟者动脉粥样硬化过程中的个体间的变异性可能与部分基因变异相关,卷烟烟气暴露相关动脉粥样硬化疾病(如冠心病多支血管病变和心肌梗死)的敏感性增加可能与某些内皮型一氧化氮合酶基因内含子 4 的多态性增加相关[38]。

　　吸烟和肺动脉高压:肺动脉高压是以肺动脉压力和肺血管阻力升高为特征的恶性肺血

管疾病,最终会导致患者右心衰竭而死亡。曾有人进行过统计,全球肺动脉高压的发病率约为 1%;在 65 岁以上的人群中,肺动脉高压的发病率高达 10%[39]。流行病学数据显示,第Ⅲ类肺动脉高压的发病率正在逐年上升,已经成为严重危害人民群众健康的一类疾病[40-42]。据文献报道,30%～70%的慢阻肺患者合并肺动脉高压,而我国 40 岁以上的人群中,慢阻肺的发病率高达 70%,烟草烟雾暴露是慢阻肺确切的致病因素[43]。烟草烟雾与肺动脉高压发病的关系近些年来受到研究者的关注,有研究者提出了烟草烟雾诱导的肺动脉高压(cigarette smoke-induced pulmonary hypertension)的概念[44]。

7.3.1　实验方法

7.3.1.1　大鼠左心室 B 超检测

用 3%的戊巴比妥钠麻醉大鼠,将大鼠四肢固定于操作台上,使其处于左侧卧位,剔净胸毛,涂少量耦合剂,将探头置于其左胸前,并指向右上,调整深度为 2.0～2.5 cm,检测并测量室间隔舒张末期和收缩末期厚度(IVS_d 和 IVS_s)、左心室舒张期和收缩期厚度($LVID_d$ 和 $LVID_s$)、舒张期和收缩期左心室后壁厚度($LVPW_d$ 和 $LVPW_s$)、左心室射血分数(EF)、左心室短轴缩短率(FS)。

7.3.1.2　大鼠肺动脉压力、氧分压和血流量的检测

采用右心导管法测定大鼠肺动脉压力,并在接入呼吸机的情况下开胸,采用多普勒血流仪测定肺动脉血流量和氧分压。

7.3.1.3　大鼠右心肥厚检测

处死大鼠后取出心脏,去掉心房组织及血管组织,用生理盐水把心脏冲洗干净,将右心室(RV)与左心室(包含室间隔)(LV+S)分离,用滤纸吸干分别称重,计算右心肥厚指数(RVHI):$RVHI^a = RV/(LV+S)$,$RVHI^b = RV/BW$(右心室重/体重)。

7.3.1.4　大鼠冠状动脉和肺动脉病理检查

分离肺动脉及左心室,并将左心室切成垂直于其纵轴的数个薄片,每片厚 2～3 mm,用固定液固定 48 小时。常规脱水、石蜡包埋、切片、染色、拍片进行病理检查。

7.3.1.5　大鼠腹主动脉脂肪沉积检测

分离腹主动脉进行油红 O 染色,观察腹主动脉粥样硬化状况。主要步骤如下:称量 1 g 油红 O 置于 200 mL 容量瓶内,用少许异丙醇溶解后,再加 60％异丙醇溶液定容至标准刻度,摇匀备用。用生理盐水冲洗腹主动脉,沿轴线用血管剪将血管剪开,用大头针(极细)摊平组织,然后将其放入配好的油红 O 染液内,上下翻动 10 次。斑块呈现紫红色时,迅速取出用 60％异丙醇脱色、分化,直至血管内膜上的浮色脱掉为止。动脉粥样斑块呈紫红色,血管内膜呈淡红色,拍照保存。

7.3.1.6　血浆 LDH 和 CK-MB 检测

取抗凝血,3000 r/min 离心 10 min 后取上层血浆,于−80 ℃保存。血浆 LDH 和 CK-MB 的检测按照试剂盒说明书进行操作。

7.3.1.7　统计方法

使用 SPSS 统计软件进行统计,结果以 $\overline{x}\pm s$ 表示。数据采用方差分析,用单因素方差分析检验样本方差齐性,若无显著差异,采用 t 检验检验均数差异性,若方差不齐,则采用非参数检验进行两两均数比较。所有吸烟组均与对照组(NS组)进行比较。$P<0.05$ 认为有统计学意义。

7.3.2　结果和讨论

7.3.2.1　卷烟主流烟气对大鼠左心功能的影响

烟气暴露 6、12 个月对大鼠左心功能的影响如表 7-15 和表 7-16 所示。结果显示,各卷烟烟气暴露组大鼠检测指标 IVS_d、$LVID_d$、$LVPW_d$ 与 NS 组相比均无显著差异($P>0.05$);1 号卷烟组大鼠 IVS_s 对比 NS 组显著下降($P<0.01$),2 号卷烟组大鼠 IVS_s 对比 1 号卷烟组显著增加($P<0.05$);1 号卷烟组大鼠 $LVPW_s$ 对比 NS 组显著下降($P<0.05$);1 号卷烟组大鼠 EF 和 FS 对比 NS 组显著下降($P<0.01$、$P<0.01$),2 号卷烟组大鼠 EF 和 FS 对比 1 号卷烟组显著增加($P<0.05$、$P<0.05$)。

实验结果表明,1 号卷烟对左心室的收缩和泵血功能的影响更显著。

表 7-15　烟气暴露 6 个月对大鼠左心功能的影响

测定指标	例数	组别		
		NS 组	1 号卷烟组	2 号卷烟组
IVS_d/mm		1.83 ± 0.10	1.82 ± 0.10	1.67 ± 0.08
IVS_s/mm		3.13 ± 0.14	2.81 ± 0.12	2.66 ± 0.13
$LVID_d$/mm		7.24 ± 0.26	7.57 ± 0.20	7.48 ± 0.23
$LVID_s$/mm		3.98 ± 0.26	$4.79\pm0.10^{\#}$	4.69 ± 0.17
$LVPW_d$/mm	$n=12$	2.29 ± 0.12	2.31 ± 0.11	1.96 ± 0.09
$LVPW_s$/mm		3.30 ± 0.27	3.30 ± 0.11	2.93 ± 0.13
EF/(%)		81.33 ± 1.79	$71.25\pm1.99^{\#\#}$	72.17 ± 2.41
FS/(%)		45.61 ± 1.88	$36.42\pm1.67^{\#\#}$	37.09 ± 1.86

注：与 NS 组比较，$^{\#}P<0.05$，$^{\#\#}P<0.01$。

表 7-16　烟气暴露 12 个月对大鼠左心功能的影响

测定指标	例数	组别		
		NS 组	1 号卷烟组	2 号卷烟组
IVS_d/mm		1.74 ± 0.07	1.55 ± 0.08	1.72 ± 0.10
IVS_s/mm		3.23 ± 0.08	$2.68\pm0.09^{\#\#}$	$3.04\pm0.12^{*}$
$LVID_d$/mm		8.08 ± 0.27	8.07 ± 0.18	8.41 ± 0.22
$LVID_s$/mm		4.84 ± 0.23	5.35 ± 0.17	4.99 ± 0.18
$LVPW_d$/mm	$n=11\sim12$	2.48 ± 0.14	2.20 ± 0.13	2.14 ± 0.05
$LVPW_s$/mm		3.42 ± 0.11	$3.00\pm0.15^{\#}$	3.33 ± 0.12
EF/(%)		75.55 ± 1.57	$67.82\pm1.70^{\#\#}$	$75.25\pm2.49^{*}$
FS/(%)		39.91 ± 1.40	$33.73\pm1.40^{\#\#}$	$40.33\pm2.41^{*}$

注：与 NS 组比较，$^{\#}P<0.05$，$^{\#\#}P<0.01$；与 1 号卷烟组比较，$^{*}P<0.05$。

7.3.2.2　卷烟主流烟气对大鼠肺动脉压力、氧分压和血流量的影响

烟气暴露 6、12 个月对大鼠肺动脉压力、血流量及氧分压的影响如表 7-17 和表 7-18 所示。结果显示，烟气暴露 12 个月后，1 号和 2 号卷烟组大鼠肺动脉压力对比 NS 组升高，肺动脉氧分压也升高，但对比 2 号卷烟组，1 号卷烟组大鼠肺动脉压力和肺动脉氧分压的上

升更为显著;各卷烟烟气暴露组大鼠肺动脉血流量对比 NS 组均没有显著改变。

实验结果表明,1 号卷烟对机体肺动脉压力、氧分压的负面影响更显著。

表 7-17　烟气暴露 6 个月对大鼠肺动脉压力、血流量及氧分压的影响

测定指标	例数	组别		
		NS 组	1 号卷烟组	2 号卷烟组
肺动脉压力/mmHg		10.12±0.66	12.95±0.42##	11.81±0.23*
肺动脉血流量/AU	$n=10\sim12$	979.53±9.59	953.10±23.44	912.22±36.24
肺动脉氧分压/(%)		39.15±2.43	51.06±2.08##	44.40±2.45*

注:与 NS 组比较,## $P<0.01$;与 1 号卷烟组比较,* $P<0.05$。

表 7-18　烟气暴露 12 个月对大鼠肺动脉压力、血流量及氧分压的影响

测定指标	例数	组别		
		NS 组	1 号卷烟组	2 号卷烟组
肺动脉压力/mmHg		8.27±0.35	10.66±0.35##	9.45±0.40*
肺动脉血流量/AU	$n=8\sim12$	989.53±9.59	964.10±23.44	966.22±36.24
肺动脉氧分压/(%)		39.40±2.27	51.06±2.18##	44.12±2.12*

注:与 NS 组比较,## $P<0.01$;与 1 号卷烟组比较,* $P<0.05$。

7.3.2.3　卷烟主流烟气对大鼠右心肥厚的影响

烟气暴露 6、12 个月对大鼠右心肥厚的影响如表 7-19 和表 7-20 所示。结果显示,烟气暴露 12 个月后,1 号和 2 号卷烟组大鼠右心肥厚指数 RVHI[a] 和 RVHI[b] 对比 NS 组均上升,但对比 2 号卷烟组,1 号卷烟组大鼠右心肥厚指数 RVHI[a] 和 RVHI[b] 的上升更为显著。

实验结果表明,1 号卷烟对机体右心肥厚的负面影响更显著。

表 7-19　烟气暴露 6 个月对大鼠右心肥厚的影响

测定指标	例数	组别		
		NS 组	1 号卷烟组	2 号卷烟组
RVHI[a]		0.25±0.01	0.29±0.01#	0.28±0.01
RVHI[b]	$n=12$	0.50±0.02	0.60±0.01##	0.54±0.03

注:与 NS 组比较,# $P<0.05$,## $P<0.01$。

表 7-20　烟气暴露 12 个月对大鼠右心肥厚的影响

测定指标	例数	组别		
		NS 组	1 号卷烟组	2 号卷烟组
RVHI[a]		0.17 ± 0.01	$0.20 \pm 0.01^{\#}$	0.19 ± 0.00
RVHI[b]	$n = 10 \sim 12$	0.43 ± 0.02	$0.51 \pm 0.02^{\#}$	$0.45 \pm 0.01^{*}$

注:与 NS 组比较,[#] $P < 0.05$;与 1 号卷烟组比较,[*] $P < 0.05$。

7.3.2.4　卷烟主流烟气对大鼠冠状动脉和肺动脉病理的影响

1. 卷烟主流烟气对大鼠冠状动脉病理的影响

烟气暴露对大鼠冠状动脉病理的影响如图 7-4 所示。结果显示,在不同烟气暴露时间不同吸烟组大鼠冠状动脉对比 NS 组均未出现显著异常。

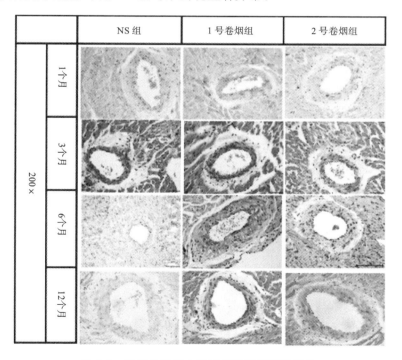

图 7-4　烟气暴露对大鼠冠状动脉病理的影响

2. 卷烟主流烟气对大鼠肺动脉病理的影响

1 号卷烟、2 号卷烟主流烟气暴露 1、3、6、12 个月后,处死大鼠去肺动脉进行脱水包埋,HE 染色后观察肺动脉直径及血管壁,发现烟气暴露 1 个月和 3 个月时,1 号卷烟组和 2 号

卷烟组大鼠肺动脉对比 NS 组无显著异常；烟气暴露 6 个月和 12 个月时，1 号卷烟组大鼠肺动脉壁出现局部增厚的现象，且弹力纤维紊乱、增粗（图 7-5 中箭头所示），而 2 号卷烟组大鼠肺动脉壁增厚及弹力纤维紊乱程度显著低于 1 号卷烟组（见图 7-5）。

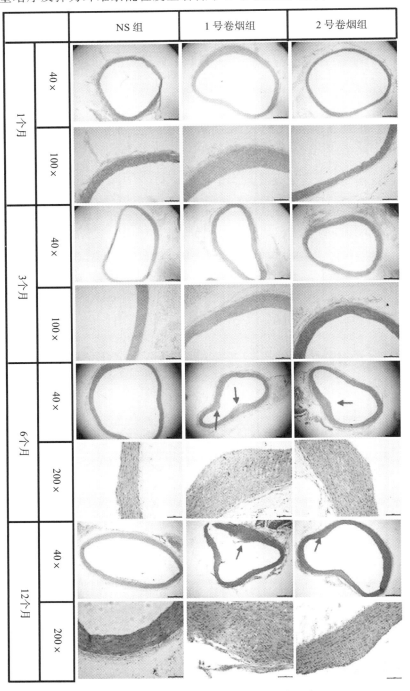

图 7-5　烟气暴露对大鼠肺动脉病理的影响

7.3.2.5　卷烟主流烟气对大鼠腹主动脉脂肪沉积的影响

烟气暴露 1、3、6、12 个月后分离腹主动脉,进行油红 O 染色,观察腹主动脉粥样硬化(脂肪沉积)状况,发现不同吸烟组大鼠腹主动脉在不同烟气暴露时间均未出现显著的脂肪沉积(见图 7-6),表明卷烟主流烟气暴露 12 个月不能引起显著的腹主动脉粥样硬化。

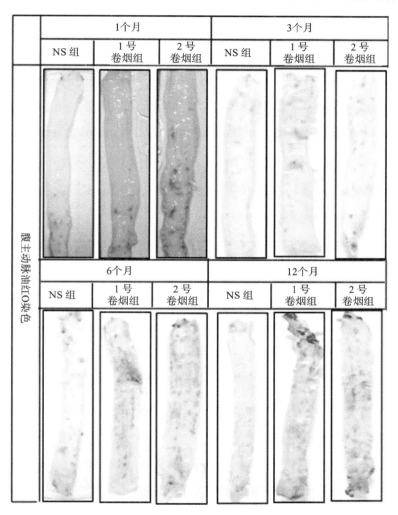

图 7-6　烟气暴露对大鼠腹主动脉脂肪沉积的影响

7.3.2.6　卷烟主流烟气对大鼠血浆 LDH 和 CK-MB 的影响

烟气暴露 6、12 个月对大鼠血浆 LDH 和 CK-MB 的影响如表 7-21 和表 7-22 所示。结果显示,烟气暴露 12 个月后,1 号卷烟组大鼠血浆 LDH 对比 NS 组显著上升($P<0.05$),

而 2 号卷烟组大鼠血浆 LDH 对比 1 号卷烟组无显著改变（$P>0.05$）；1 号卷烟组大鼠血浆 CK-MB 对比 NS 组显著下降（$P<0.01$），2 号卷烟组大鼠血浆 CK-MB 对比 1 号卷烟组显著上升（$P<0.01$）。

表 7-21　烟气暴露 6 个月对大鼠血浆 LDH 和 CK-MB 的影响

测定指标	例数	组别		
		NS 组	1 号卷烟组	2 号卷烟组
LDH/(U/L)	$n=10\sim12$	262.57 ± 10.46	267.23 ± 17.22	261.57 ± 8.12
CK-MB/(U/L)		483.21 ± 169.78	$265.43\pm78.50^{\# \#}$	290.93 ± 30.92

注：与 NS 组比较，$^{\# \#}P<0.01$。

表 7-22　烟气暴露 12 个月对大鼠血浆 LDH 和 CK-MB 的影响

测定指标	例数	组别		
		NS 组	1 号卷烟组	2 号卷烟组
LDH/(U/L)	$n=10\sim12$	744.87 ± 71.75	$979.89\pm69.68^{\#}$	941.03 ± 32.34
CK-MB/(U/L)		673.36 ± 82.09	$257.07\pm31.01^{\# \#}$	$434.72\pm32.24^{**}$

注：与 NS 组比较，$^{\#}P<0.05$，$^{\# \#}P<0.01$；与 1 号卷烟组比较，$^{**}P<0.01$。

参 考 文 献

［1］　张雁. 大鼠烟气亚慢性暴露的生物学损伤效应研究［D］. 苏州：苏州大学，2016.

［2］　王琴琴. 吸烟哮喘患者凝血功能的研究［D］. 乌鲁木齐：新疆医科大学，2018.

［3］　周岩. 吸烟指数与肺癌患者凝血指标的相关性［J］. 中国肿瘤临床与康复，2016，23(10)：1160-1162.

［4］　郭辉. 添加植物提取物香烟 S19 对吸烟大鼠免疫指标及抗氧化指标的影响［D］. 武汉：武汉科技大学，2009.

［5］　Jemal A，Siegel R，Ward E，et al. Cancer statistics，2008［J］. CA：A Cancer Journal for Clinicians，2008，58(2)：71-96.

［6］　Lee Y M. Chronic obstructive pulmonary disease：Respiratory review of 2014［J］. Tuberculosis and Respiratory Diseases，2014，77(4)：155-160.

[7]　Wewers M E，Munzer A，Ewart G. Tackling a root cause of chronic lung disease：The ATS，FDA，and tobacco control[J]. Am. J. Respir. Crit. Care Med. ，2010，181(12)：1281-1282.

[8]　Rojas M，Mora A L. Age and smoke：A risky combination[J]. Am. J. Respir. Crit. Care Med. ，2011，183(4)：423-424.

[9]　Barreiro E，Peinado V I，Galdiz J B，et al. Cigarette smoke-induced oxidative stress：A role in chronic obstructive pulmonary disease skeletal muscle dysfunction[J]. American Journal of Respiratory and Critical Care Medicine，2010，182(4)：477-488.

[10]　程显声，徐希胜，张珍祥，等. 1992—1999 年慢性阻塞性肺疾病、肺心病社区人群综合干预结果[J]. 中华结核和呼吸杂志，2001，24(10)：579-583.

[11]　Barnes P J. Future treatments for chronic obstructive pulmonary disease and its comorbidities[J]. Proceedings of the American Thoracic Society，2008，5(8)：857-864.

[12]　Wright J L，Churg A. A model of tobacco smoke-induced airflow obstruction in the guinea pig[J]. Chest，2002，121(5 Suppl)：188S-191S.

[13]　宁维，陈利平，李瑜，等. 全烟气致小鼠肺损伤模型的建立[J]. 烟草科技，2013(11)：36-40.

[14]　Shen L L，Liu Y N，Shen H J，et al. Inhalation of glycopyrronium inhibits cigarette smoke-induced acute lung inflammation in a murine model of COPD[J]. International Immunopharmacology，2014，18(2)：358-364.

[15]　李若葆，王箐，李洪先，等. COPD 模型大鼠肺组织 TGF-β1 mRNA 的表达及意义[J]. 山东医药，2008，48(13)：7-8.

[16]　甘丽杏，李成业，郭雪君. 组蛋白修饰对 COPD 大鼠肺泡Ⅱ型上皮细胞趋化因子表达的影响[J]. 中国呼吸与危重监护杂志，2010，9(4)：360-364.

[17]　孔令雯，葛正行，杨玉涛，等. SurviVin 蛋白在 COPD 模型大鼠肺组织中的表达及意义[J]. 贵阳中医学院学报，2011，33(3)：95-98.

[18]　甘桂香，胡瑞成，戴爱国，等. 吸烟慢性阻塞性肺疾病大鼠肺组织内质网相关凋亡基因 Caspase-12 的表达[J]. 中国呼吸与危重监护杂志，2011，10(1)：33-37.

[19]　段珊，邓立普. 豚鼠 COPD 模型中 MMP-9 和 TIMP-1 的表达及布地奈德干预后的变化[J]. 实用医药杂志，2012(6)：545-546，549.

[20]　Hitchman S C，Fong G T. Gender empowerment and female-to-male smoking prevalence ratios[J]. Bulletin of the World Health Organization，2011，89(3)：195-202.

[21]　National Center for Chronic Disease Prevention and Health Promotion (US) Office on Smoking and Health. The Health Consequences of Smoking—50 Years of Progress：A Report of the Surgeon General[M]. Atlanta：Centers for Disease Control and Prevention，2014.

[22]　Abdullah K，Emna A，Rana G，et al. Functional，cellular，and molecular

remodeling of the heart under influence of oxidative cigarette tobacco smoke[J]. Oxidative Medicine and Cellular Longevity,2017,2017:1-16.

[23] Heitzer T, Brockhoff C, Mayer B, et al. Tetrahydrobiopterin improves endothelium-dependent vasodilation in chronic smokers[J]. Circulation Research,2000,86 (2):e36-e41.

[24] Gopal D M,Kalogeropoulos A P,Georgiopoulou V V,et al. Cigarette smoking exposure and heart failure risk in older adults:The health,aging,and body composition study[J]. American Heart Journal,2012,164(2):236-242.

[25] Kalogeropoulos A,Georgiopoulou V,Psaty B M,et al. Inflammatory markers and incident heart failure risk in older adults:The health ABC (health,aging,and body composition) study[J]. Journal of the American College of Cardiology,2010,55(19):2129-2137.

[26] Orosz Z, Csiszar A, Labinskyy N, et al. Cigarette smoke-induced proinflammatory alterations in the endothelial phenotype:Role of NAD(P)H oxidase activation[J]. Am. J. Physiol. Heart Circ. Physiol. ,2007,292(1):H130-H139.

[27] Knight-Lozano C A,Young C G,Burow D L,et al. Cigarette smoke exposure and hypercholesterolemia increase mitochondrial damage in cardiovascular tissues[J]. Circulation,2002,105(7):849-854.

[28] Ooi H,Chung W,Biolo A. Arterial stiffness and vascular load in heart failure [J]. Congestive Heart Failure,2013,14(1):31-36.

[29] Duprez D A. Arterial stiffness/elasticity in the contribution to progression of heart failure[J]. Heart Failure Clinics,2012,8(1):135-141.

[30] Li L,Hu B C,Gong S J,et al. Age and cigarette smoking modulate the relationship between pulmonary function and arterial stiffness in heart failure patients[J]. Medicine,2017,96(10):e6262.

[31] Wu C F,Liu P Y,Wu T J,et al. Therapeutic modification of arterial stiffness:An update and comprehensive review[J]. World J. Cardiol. ,2015,7(11):742-753.

[32] Barua R S,Sharma M,Dileepan K N. Cigarette smoke amplifies inflammatory response and atherosclerosis progression through activation of the H1R-TLR2/4-COX2 axis[J]. Front. Immunol. ,2015,9(6).

[33] White W B. Smoking-related morbidity and mortality in the cardiovascular setting[J]. Preventive Cardiology,2007,10(s2):1-4.

[34] Ambrose J A, Barua R S. The pathophysiology of cigarette smoking and cardiovascular disease:An update[J]. Journal of the American College of Cardiology,2004,43(10):1731-1737.

[35] Ross R. Atherosclerosis—An inflammatory disease[J]. N. Engl. J. Med. ,

1999,340(2):115-126.

[36]　Heitzer T，Meinertz T. RauMB-CKn und koronare Herzkrankheit [J]. Zeitschrift Für Kardiologie,2005,94(3):30-42.

[37]　Sugiishi M,Takatsu F. Cigarette smoking is a major risk factor for coronary spasm[J]. Circulation,1993,87(1):76-79.

[38]　Wang X L,Greco M,Sim A S,et al. Effect of CYP1A1 MspI polymorphism on cigarette smoking related coronary artery disease and diabetes[J]. Atherosclerosis,2002, 162(2):391-397.

[39]　Hoeper M M,Humbert M,Souza R,et al. A global view of pulmonary hypertension[J]. Lancet Respir. Med. ,2016,4(4):306-322.

[40]　Prins K W,Duval S,Markowitz J,et al. Chronic use of PAH-specific therapy in World Health Organization Group Ⅲ pulmonary hypertension：A systematic review and meta-analysis[J]. Pulm. Circ. ,2017,7(1):145-155.

[41]　Poor H D,Girgis R,Studer S M. World Health Organization Group Ⅲ pulmonary hypertension[J]. Progress in Cardiovascular Diseases,2012,55(2):119-127.

[42]　Klinger J R. Group Ⅲ pulmonary hypertension：Pulmonary hypertension associated with lung disease：Epidemiology，pathophysiology，and treatments [J]. Cardiology Clinics,2016,34(3):413-433.

[43]　Zhong N S,Wang C,Yao W Z,et al. Prevalence of chronic obstructive pulmonary disease in China：A large,population-based survey[J]. Am. J. Respir. Crit. Care Med. ,2007,176(8):753-760.

[44]　Weissmann N,Lobo B,Pichl A,et al. Stimulation of soluble guanylate cyclase prevents cigarette smoke-induced pulmonary hypertension and emphysema[J]. Am. J. Respir. Crit. Care Med. ,2014,189(11):1359-1373.

第 8 章
系统生物学机制研究

　　根据中国疾病预防控制中心发布的统计数据,中国有超过 3 亿的烟民,多达半数的吸烟者最终将死于与烟草相关的疾病。据国家癌症中心统计,2014 年全国恶性肿瘤新发病例数为 380.4 万例,肺癌位于全国发病率的首位,每年新发病例数约 78.1 万例,流行病学资料和大量动物实验已证明吸烟是导致肺癌的主要危险因素[1,2]。阐明卷烟烟气危害的系统生物学机制,并积极寻找相关的生物标志物是烟草与健康研究的重要课题,也具有现实的社会经济意义。

　　卷烟烟气是多种化合物组成的复杂混合物,Roberts 于 1988 年鉴定出烟气中的化学成分达 5068 种,其中 1172 种是烟草本身就有的,另外 3896 种是烟气中独有的[3]。人体吸入的主流烟气为气溶胶,由气相物和粒相物两部分组成。烟气中粒相物约占 8%,其主要化学成分为脂肪烃(主要为烷烃,烯烃和炔烃含量比烷烃少)、芳香烃(以稠环芳烃居多,是烟气中的主要有害成分)、萜类化合物(烟气的重要香味成分)、羰基化合物(形成烟气香味、香气的重要成分)、酚类化合物(儿茶酚的含量最高,对呼吸道有刺激作用,并有一定的促癌作用)。烟气中气相物约占烟气总量的 92%,包括空气(约占 58%)、氮气(约占 15%)、碳氢化合物、氮氧化合物和一些生物活性物质等,还有其他化合物,如挥发性烃类(如挥发性芳香烃)、挥发性酯类(如甲酸甲酯)、呋喃类(如 2-甲基呋喃等)、挥发性腈类(如丙烯腈、乙腈等)、其他挥发性成分。烟气中有害物质对机体的危害受到极大的关注,但由于卷烟烟气成分的复杂性,研究其致机体损伤的作用方式和作用机制存在极大的困难。

　　本研究利用 1 号卷烟和 2 号卷烟暴露,在短期和长期烟气暴露的动物模型上,通过系统生物学的方法,从代谢组学、基因组学、免疫学和蛋白质组学等不同方面对卷烟危害性进行了全面系统的评价,主要包括以下几个方面:采用液质联用法分析卷烟烟气短期和长期暴露大鼠血液、尿液、肺脏中生物标志物、差异代谢物的变化,从内源性代谢物的角度阐释了卷烟烟气对机体危害性的作用机制;采用生物信息学技术进行信息整合,研究长期烟气暴露对大鼠肺脏、心脏和肝脏等主要脏器相关基因的影响;采用免疫学和分子生物学的方法,研究卷烟烟气对机体免疫器官、免疫细胞以及免疫功能的影响;通过富集分析、通路分析和蛋白互作分析,得到了卷烟危害性评价相关关键蛋白和信号通路。研究初步阐明了肝微粒体混合功能氧化酶代谢机制、氧化和抗氧化机制、免疫和炎症反应机制,以及细胞信号传导机制是调控卷烟烟气危害的系统生物学机制。此外,还提出了烟碱、巯基尿酸类代谢物和烟草特有亚硝胺等可作为烟气暴露内剂量的标志物;左心室射血分数和短轴缩短率、血浆 CK-MB、肺动脉压力、血氧饱和度、肺部炎症细胞数目、外周血活性氧、TNF-α、IL-6、花生四烯酸代谢物、PAH-DNA 加合物、CYP1A1、丙二醛等可用来评价烟气的危害性。通过这些系统生物学机制的研究,可为评价卷烟烟气危害以及有效地改善吸烟与健康问题提供新的理论和实践依据。

8.1　肝微粒体混合功能氧化酶代谢机制

卷烟烟气中的有害和无害物质均为外源物,进入体内后需经过肝微粒体混合功能氧化酶,特别是细胞色素 P450(CYP450)代谢酶进行代谢转变为代谢物。代谢物的毒性可高于或低于原化合物,部分还可致畸形、致突变、致癌等,但也有一些化合物经代谢后毒性并无明显改变。肝微粒体混合功能氧化酶系统激活在卷烟烟气暴露以及卷烟烟气代谢中具有重要的作用[4]。以此为依据,分析卷烟烟气激活肝微粒体 CYP450 代谢酶与卷烟烟气致机体损伤的关联。

8.1.1　CYP450 介导烟气危害的基因组学和蛋白质组学依据

分析 1 号卷烟、2 号卷烟主流烟气暴露 1、3、6、12 个月大鼠肝脏的基因组学数据,发现 1 号卷烟烟气暴露 1 和 3 个月导致药物代谢相关 CYP450 (drug metabolism-cytochrome P450) 通路、外源物代谢 CYP450(metabolism of xenobiotics by cytochrome P450)通路以及化学致癌 (chemical carcinogenesis)通路的基因表达与非烟气暴露大鼠相比具有明显的差异(见表 8-1)。同样,分析 1 号卷烟、2 号卷烟主流烟气暴露 1、3、6、12 个月大鼠肝脏的蛋白质组学数据,发现 1 号卷烟烟气暴露大鼠肝脏中药物代谢相关 CYP450 通路、外源物代谢 CYP450 通路、药物代谢其他相关酶(drug metabolism-other enzymes)通路以及化学致癌通路的蛋白表达与非烟气暴露大鼠相比也具有明显的差异(见表 8-2),药物代谢相关 CYP450 通路和外源物代谢 CYP450 通路的蛋白表达差异主要发生在暴露后 1、3、6、12 个月,而药物代谢其他相关酶通路以及化学致癌通路的蛋白表达差异主要发生在暴露后 6 和 12 个月(见表 8-2)。2 号卷烟烟气暴露导致的药物代谢相关 CYP450 通路、外源物代谢 CYP450 通路以及化学致癌通路的蛋白表达差异主要发生在暴露后 1、3、6、12 个月(见表 8-2)。

表 8-1　烟气暴露大鼠肝脏差异表达基因共同涉及通路 KEGG 分析

序号	烟气	脏器	Pathway name	烟气暴露时间/个月
1	1 号	肝脏	drug metabolism-cytochrome P450	1、3
2	1 号	肝脏	metabolism of xenobiotics by cytochrome P450	1、3
3	1 号	肝脏	chemical carcinogenesis	1、3

表 8-2　烟气暴露大鼠肝脏差异蛋白共同涉及通路 KEGG 分析

序号	烟气	脏器	Pathway name	烟气暴露时间/个月
1	1 号	肝脏	metabolism of xenobiotics by cytochrome P450	1、3、6、12
2	1 号	肝脏	drug metabolism-cytochrome P450	1、3、6、12
3	1 号	肝脏	drug metabolism-other enzymes	6、12
4	1 号	肝脏	chemical carcinogenesis	6、12
5	2 号	肝脏	metabolism of xenobiotics by cytochrome P450	1、3、6、12
6	2 号	肝脏	drug metabolism-cytochrome P450	1、3、6、12
7	2 号	肝脏	chemical carcinogenesis	1、3、6、12

　　与 1 号卷烟、2 号卷烟主流烟气暴露 1、3、6、12 个月大鼠肝脏的基因组学和蛋白质组学数据相一致,各烟气暴露组 SUMO1 修饰蛋白在 KEGG pathway 中的分布热图显示,外源物代谢 CYP450 通路和化学致癌通路的 SUMO1 修饰蛋白的表达在各烟气暴露组存在明显的差异(见图 8-1)。

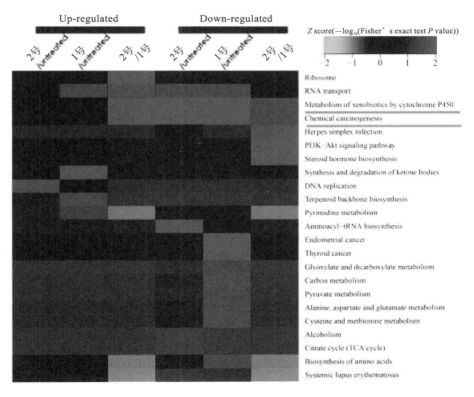

图 8-1　各烟气暴露组 SUMO1 修饰蛋白在 KEGG pathway 中的分布热图

因此,CYP450 代谢酶激活机制在卷烟烟气暴露危害中具有重要的作用和地位。

8.1.2 以 CYP1A1 为代表的 CYP450 介导烟气危害作用

卷烟燃烧过程中可产生大量的多环芳烃类化合物、苯、丙烯、烟碱和烟焦油等。其中部分物质经过 CYP450 代谢后,活化为致癌物,导致支气管上皮细胞 DNA 损害、致癌基因的激活,以及肺癌的发生。CYP1A1 主要在肺内表达,而 CYP1A2 主要在肝内表达。CYP1A1 在肺内的表达上调,加速和增加肺内活性致癌代谢物的蓄积,加速肺癌的发病过程[5]。

以此为依据,查找 1 号、2 号卷烟烟气暴露 1、3、6、12 个月后的蛋白质组学和基因组学数据,发现 1 号卷烟烟气暴露导致显著的 CYP1A1 基因和蛋白表达的上调,而 2 号卷烟烟气暴露并没有显著上调 CYP1A1 基因和蛋白的表达(见表 8-3 和表 8-4)。

表 8-3 烟气暴露大鼠肺脏共同差异表达基因筛选

序号	烟气	Gene ID	Gene symbol	Regulation	Type	烟气暴露时间/个月
1	1 号	24296	CYP1A1	up	mRNA	3、12

表 8-4 烟气暴露大鼠肺脏共同差异蛋白筛选

序号	烟气	蛋白名称	烟气暴露时间/个月
1	1 号	CYP1A1 ↑(cytochrome P450 1A1)	1、3、12

CYP1A1 主要参与多环芳烃类化合物及芳香胺的代谢。代谢组学研究数据表明,烟气暴露后的肺组织样本中存在过量多环芳烃代谢物 1-羟基芘(见表 8-5),这一代谢标志物的改变与吸烟密切相关,也是重要的吸烟致癌标志物。

表 8-5 异常肺组织样本重要标志物鉴定结果

序号	t_R/min	特征离子	代谢物	标志物意义
1	3.26	265.1251[M+FA−H]⁻	1-羟基芘	多环芳烃致癌标志物,尤其见于吸烟者

8.1.3 小结

综上所述,以 CYP1A1 为代表的肝微粒体混合功能氧化酶介导卷烟烟气有害物质或者无害物质的代谢,在卷烟烟气危害过程中具有重要作用和地位,也是卷烟烟气危害的系统生物学机制之一。特别是在卷烟烟气致癌过程中,以 CYP1A1 为代表的肝微粒体混合功能氧化酶激活是卷烟烟气危害的重要的系统生物学机制,也可能是 1 号和 2 号卷烟危害性差异的关键系统生物学机制。

8.2 氧化及抗氧化机制

自由基是伴随机体正常生理代谢过程而必然产生的一类活性物质,是由氧化反应产生的对身体有害的物质。研究表明,烟气中含有大量自由基,它们可以直接或间接攻击损伤细胞,导致吸烟相关疾病的发生。自由基所导致的机体氧化应激会对肺、心脑血管系统以及全身其他脏器产生显著的影响。基于自由基和氧化应激在烟气危害过程中的重要地位,目前认为,在当前戒烟无效的情况下,建立一套清除和防护烟气中有害自由基的方法,生产一些低毒低自由基卷烟有利于卷烟烟气的减害[6]。

8.2.1 烟气氧化和抗氧化系统失衡

烟气暴露 1 个月,1 号卷烟组、2 号卷烟组动物各项抗氧化指标与非烟气暴露组比较均无统计学差异。烟气暴露 6 个月,1 号卷烟组和 2 号卷烟组动物 SOD、MDA、GSH 显著高于非烟气暴露组;2 号卷烟组动物 MDA 显著低于 1 号卷烟组,GSH 显著高于 1 号卷烟组。烟气暴露 12 个月,1 号卷烟组动物 GSH 显著高于非烟气暴露组,2 号卷烟组动物 GSH 显著低于 1 号卷烟组。这些结果提示,卷烟主流烟气暴露,特别是 6 个月以后,会导致动物氧化和抗氧化系统的失衡,而 1 号卷烟组动物的失衡程度显著高于 2 号卷烟组。

同样,卷烟主流烟气暴露 1、3、6、12 个月大鼠的基因组学分析表明:肺脏组织在 2 号卷烟烟气暴露 1、3 个月后,以及肝脏组织在 2 号卷烟烟气暴露 3、12 个月后氧化还原酶活性(oxidoreductase activity)具有显著的差异;心脏组织在 1 号卷烟烟气暴露 3、6 个月后氧化还原酶活性具有显著的差异,而在 1 号卷烟烟气暴露 1、3、12 个月后过氧化氢生物合成(hydrogen peroxide biosynthetic process)具有显著的差异(见表 8-6)。这些结果表明,相对于非烟气暴露大鼠,卷烟烟气暴露后的大鼠均不同程度地呈现氧化应激相关基因表达的显著差异,提示氧化应激相关机制在卷烟烟气危害过程中具有重要作用。

表 8-6　大鼠差异表达基因 GO 分析

序号	烟气	脏器	GO ID	GO name	烟气暴露时间/个月
1	2 号	肺脏	GO:0016616	oxidoreductase activity, acting on the CH—OH group of donors, NAD or NADP as acceptor	1、3
2	1 号	心脏	GO:0016702	oxidoreductase activity	3、6
3	1 号	心脏	GO:0050665	hydrogen peroxide biosynthetic process	1、3、12
4	2 号	肝脏	GO:0016655	oxidoreductase activity, acting on NAD(P)H, quinone or similar compound as acceptor	3、12

　　进一步,卷烟主流烟气暴露 1、3、6、12 个月大鼠的蛋白质组学分析表明:1 号卷烟烟气暴露后的不同时间内,肺脏和肝脏组织中氧化还原酶活性相关蛋白、氧化还原过程相关蛋白、NADPH 氧化相关蛋白呈现不同程度的显著差异;而 2 号卷烟烟气暴露 1、3、6、12 个月后,肺脏和肝脏组织中氧结合相关蛋白、氧化还原酶活性相关蛋白呈现不同程度的显著差异(见表 8-7)。另外,SUMO1 修饰蛋白研究发现,2 号卷烟烟气暴露与 1 号卷烟烟气暴露相比抗氧化蛋白的 SUMO1 修饰没有差异,而 1 号卷烟及 2 号卷烟烟气暴露与非卷烟烟气暴露相比,均有 2 个 SUMO1 修饰的差异蛋白(见表 8-8)。这些结果表明,相对于非烟气暴露大鼠,卷烟烟气暴露后的大鼠均不同程度地呈现氧化应激相关蛋白表达的显著差异,提示氧化应激相关机制在卷烟烟气危害过程中具有重要作用。

表 8-7　大鼠差异蛋白 GO 分析

序号	烟气	脏器	GO ID	GO name	烟气暴露时间/个月
1	1 号	肺脏	GO:0016491	oxidoreductase activity	1、3、6
2	1 号	肺脏	GO:0055114	oxidation-reduction process	1、3、6
3	2 号	肺脏	GO:0019825	oxygen binding	1、6、12
4	1 号	心脏	GO:0016209	antioxidant activity	1、3、6、12
5	1 号	肝脏	GO:0016491	oxidoreductase activity	1、3、6、12
6	1 号	肝脏	GO:0070995	NADPH oxidation	1、6、12
7	2 号	肝脏	GO:0016712	oxidoreductase activity, acting on paired donors, with incorporation or reduction of molecular oxygen, reduced flavin or compound as acceptor	1、3、12
8	2 号	肝脏	GO:0016491	oxidoreductase activity	1、3、6、12

表 8-8　各组定量的 SUMO1 修饰蛋白的功能分析

GO terms level 1	GO terms level 2	2 号 vs. 1 号	2 号 vs. untreated	1 号 vs. untreated	Identified
molecular function	antioxidant activity	0	2	2	15

8.2.2　烟气氧化和抗氧化系统失衡的机制分析

卷烟燃烧产生的烟气是非常复杂的混合物,其中的化学成分有成千上万种[7,8],包括醌类、醛类、亚硝胺、半醌类等。部分物质具有一定的氧化性和潜在致癌性,如半醌类,可以产生羟基自由基,在 Fe 存在时发生芬顿反应,生成 H_2O_2,使细胞内氧化与抗氧化系统失衡,造成肺组织损伤。卷烟烟气危害中,氧化应激是关键的病理机制[9-11],氧化物诱导细胞内活性氧(ROS)增加,对细胞内蛋白质、脂质和 DNA 等造成损伤。临床数据显示,吸烟导致心血管功能紊乱的潜在机制也归因于卷烟烟气诱导的氧化应激反应[12,13]。此外,烟气成分也会损伤血管内皮组织[14],引起动脉粥样硬化[15,16]。恶性肿瘤经常表现为氧化的 DNA 碱基增加或变异,基因不稳定是大多数癌症患者的特点[17]。同时,细胞内产生的 ROS 会改变所暴露细胞的氧化还原平衡,而多种炎症反应基因和相关转录因子通过氧化还原调节。其中核转录因子(NF-κB)的直接响应具有高度的敏感性和快速性。大量数据显示,心血管功能紊乱与 NF-κB 活化有关[18]。同时,NF-κB 影响炎症反应相关基因的转录,这些炎症反应涉及细胞因子、趋化因子和黏附分子的表达,引发肺组织和其他组织发生炎症从而加速呼吸系统疾病以及心血管疾患的形成[19-21]。

8.2.3　小结

综上所述,卷烟燃烧所产生的大量自由基导致的机体氧化和抗氧化系统失衡在主流烟气的危害中具有重要的地位,也是主流烟气导致心、肺组织损伤,心血管功能紊乱,肺部慢性炎症和慢性阻塞性肺疾病的关键因素。在进行卷烟危害性评价时,因卷烟类型、叶组、烟用添加剂、滤棒设计等存在差异,不同卷烟烟气在氧化和抗氧化系统失衡方面具有一定的差异。

8.3 炎症反应及免疫机制

免疫系统是机体健康的捍卫者,免疫功能由天然免疫和获得性免疫两大部分组成。天然免疫是指机体出生时即具备多种天然免疫细胞,包括巨噬细胞、中性粒细胞等,可以通过细胞表面表达的病原体识别受体识别致病菌和病毒,激活天然免疫细胞产生干扰素、白细胞介素、肿瘤坏死因子、趋化因子等炎症物质,介导天然免疫炎症反应,抵御病原微生物的侵袭与感染。天然免疫细胞中的抗原呈递细胞通过加工处理病原体的特异性抗原成分刺激 T 淋巴细胞、B 淋巴细胞产生获得性免疫反应,能够针对所接触的病原体或肿瘤等的特定抗原成分产生抗原特异性免疫反应,在维持机体内环境稳定方面发挥关键的作用。免疫反应不一定会导致炎症反应,但炎症反应必定伴随着免疫反应。免疫细胞和因子在炎症反应发生和消退过程中发挥重要的作用:炎症局部会有大量免疫细胞(如巨噬细胞、中性粒细胞等)的浸润,免疫细胞被激活释放炎症因子(如 TNF-α、IL-6、IL-1β 等),导致炎症反应加重;另一方面,炎症反应的消退需要免疫细胞释放的抑炎因子(如 IL-10 等)。炎症反应和免疫机制一直以来被认为是主流烟气危害的主要系统生物学机制[22,23]。

8.3.1 炎症反应及免疫机制在卷烟烟气危害中作用的实验依据

IL-6 是外来刺激应急免疫应答的重要细胞因子。卷烟主流烟气暴露 3 个月以上的大鼠血清检查结果表明,烟气暴露会导致大鼠 IL-6 水平增加。相对于 2 号卷烟,1 号卷烟烟气暴露后大鼠血清 IL-6 水平增加更显著(见表 8-9)。

表 8-9 烟气暴露对大鼠血清 IL-6 水平的影响 (单位:pg/mL)

烟气暴露时间/个月	NS 组	1 号卷烟组	2 号卷烟组
1	44.5±14.8	37.9±9.4	41.2±5.8
3	92.2±27.2	192.3±65.4**	113.2±43.4#
6	33.7±17.8	44.4±19.5	47.6±20.6
12	37.5±8.0	49.8±19.0*	47.3±10.6

注:与 NS 组比较,* $P<0.05$,** $P<0.01$;与 1 号卷烟组比较,# $P<0.05$。

　　分析 1 号卷烟和 2 号卷烟主流烟气暴露 1、3、6、12 个月大鼠肺脏组织基因组学改变发现：1 号卷烟烟气暴露导致肺脏组织中趋化因子活性（chemokine activity）、CXCR 趋化因子受体结合（CXCR chemokine receptor binding）、趋化因子中介的信号传导途径（chemokine-mediated signaling pathway）、免疫反应（immune response）、白细胞稳态（leukocyte homeostasis）、调节趋化因子产生（regulation of chemokine production）相关基因的表达具有显著的差异（见表 8-10）；而 2 号卷烟烟气暴露的肺脏组织中，免疫球蛋白分泌（immunoglobulin secretion）、正向调控 B 细胞增殖（positive regulation of B cell proliferation）相关基因的表达具有显著的差异（见表 8-10）。

　　分析 1 号卷烟和 2 号卷烟主流烟气暴露 1、3、6、12 个月大鼠心脏基因组学改变发现：1 号卷烟烟气暴露导致心脏中白细胞迁移相关炎症反应（leukocyte migration involved in inflammatory response）、正向调控 T 细胞迁移（positive regulation of T cell migration）、正向调控血管通透性（positive regulation of vascular permeability）和脂多糖应答（response to lipopolysaccharide）相关基因的表达具有显著的差异（见表 8-10）；而 2 号卷烟烟气暴露的心脏组织中，正向调控细胞黏附（positive regulation of cell adhesion）、正向调控细胞游出（positive regulation of cellular extravasation）相关基因的表达具有显著的差异（见表 8-10）。

表 8-10　大鼠差异表达基因 GO 分析

序号	烟气	脏器	GO ID	GO name	烟气暴露时间/个月
1	1 号	肺脏	GO:0008009	chemokine activity	1、12
2	1 号	肺脏	GO:0045236	CXCR chemokine receptor binding	1、12
3	1 号	肺脏	GO:0070098	chemokine-mediated signaling pathway	1、12
4	1 号	肺脏	GO:0006955	immune response	1、3、12
5	1 号	肺脏	GO:0001776	leukocyte homeostasis	1、12
6	1 号	肺脏	GO:0032642	regulation of chemokine production	1、12
7	2 号	肺脏	GO:0048305	immunoglobulin secretion	1、6
8	2 号	肺脏	GO:0030890	positive regulation of B cell proliferation	1、6
9	1 号	心脏	GO:0002523	leukocyte migration involved in inflammatory response	1、12
10	1 号	心脏	GO:2000406	positive regulation of T cell migration	1、6

续表

序号	烟气	脏器	GO ID	GO name	烟气暴露时间/个月
11	1号	心脏	GO:0043117	positive regulation of vascular permeability	6、12
12	1号	心脏	GO:0032496	response to lipopolysaccharide	1、6
13	2号	心脏	GO:0045785	positive regulation of cell adhesion	1、3
14	2号	心脏	GO:0002693	positive regulation of cellular extravasation	1、3
15	1号	肝脏	GO:0019221	cytokine-mediated signaling pathway	6、12
16	1号	肝脏	GO:0002260	lymphocyte homeostasis	3、12
17	2号	肝脏	GO:0035754	B cell chemotaxis	6、12
18	2号	肝脏	GO:0036336	dendritic cell migration	3、12

分析1号卷烟和2号卷烟主流烟气暴露1、3、6、12个月大鼠肝脏基因组学改变发现：1号卷烟烟气暴露导致肝脏中细胞因子中介的信号传导途径（cytokine-mediated signaling pathway）、淋巴细胞稳态（lymphocyte homeostasis）相关基因的表达具有显著的差异（见表8-10）；而2号卷烟烟气暴露的肝脏组织中，B细胞趋化（B cell chemotaxis）和树突状细胞迁移（dendritic cell migration）相关基因的表达具有显著差异（见表8-10）。

上述结果提示，与血清中的IL-6水平改变相一致，1号卷烟、2号卷烟主流烟气暴露1、3、6、12个月的大鼠肺脏、肝脏和心脏组织中的多种炎症和免疫相关基因表达具有显著的差异，这种差异可能是卷烟烟气危害的关键系统生物学机制。

与基因组学数据相一致，大鼠差异表达基因共同涉及通路KEGG分析表明，1号卷烟、2号卷烟主流烟气暴露1、3、6、12个月的大鼠中，1号卷烟烟气暴露导致趋化因子信号途径以及白细胞跨内皮迁移相关通路具有显著的差异（见表8-11），而2号卷烟烟气暴露导致JAK-STAT信号途径相关通路具有显著的差异（见表8-11）。SUMO1修饰蛋白分析表明，1号卷烟烟气暴露与非卷烟烟气暴露相比，有7个SUMO1修饰的差异蛋白，而2号卷烟烟气暴露与1号卷烟烟气暴露相比有4个SUMO1修饰的差异蛋白（见表8-12）。

表 8-11 大鼠差异表达基因共同涉及通路 KEGG 分析

序号	烟气	脏器	Pathway name	烟气暴露时间/个月
1	1号	肺脏	chemokine signaling pathway	1、12
2	1号	肺脏	leukocyte transendothelial migration	1、3
3	2号	肺脏	JAK-STAT signaling pathway	6、12

表 8-12　各组定量的 SUMO1 修饰蛋白的功能分析

GO terms level 1	GO terms level 2	2 号 vs. 1 号	2 号 vs. untreated	1 号 vs. untreated	Identified
molecular function	immune system process	4	9	7	125

8.3.2　炎症反应及免疫机制在卷烟烟气危害中的作用分析

上述研究显示,1 号卷烟、2 号卷烟主流烟气暴露 1、3、6、12 个月的大鼠肺脏、肝脏和心脏组织中的多种炎症和免疫相关基因表达、蛋白表达具有显著的差异。与这些研究结果相一致,1 号卷烟、2 号卷烟主流烟气暴露 30 天的系统免疫学研究也同样支持炎症反应及免疫机制在卷烟烟气危害中的作用。

在 1 号卷烟烟气浓度为 60% 的条件下,吸烟 20 min/(次·日)、40 min/(次·日),连续吸烟 30 天后,小鼠胸腺、脾脏指数均升高。1 号卷烟烟气低浓度可活化小鼠巨噬细胞,刺激天然免疫应答,但高浓度吸烟则可造成小鼠巨噬细胞活化抑制。观察 1 号卷烟烟气暴露后小鼠腹腔巨噬细胞对内毒素(LPS)再刺激反应性的影响,发现各吸烟组巨噬细胞对 LPS 再刺激的反应性明显降低。

在 1 号卷烟和 2 号卷烟烟气浓度为 60% 的条件下,吸烟 20 min/(次·日),持续 30 天,观察吸烟对小鼠免疫系统和功能的影响发现:小鼠吸烟 30 天后,2 号卷烟组小鼠肺脏虽有明显的炎症细胞浸润,但较 1 号卷烟组明显减轻;2 号卷烟组小鼠血清中 IgA 水平有所提高,但与非吸烟组相比无统计学差异,2 号卷烟组小鼠血清中 IgG、IgM 水平上调较明显,提示该条件下 2 号卷烟可刺激 B 细胞产生抗体,提高血清中 IgG、IgM 等抗体的水平。

1 号卷烟、2 号卷烟主流烟气急性暴露 30 天的结果同样提示,卷烟烟气暴露可广泛地影响机体的炎症和免疫反应,而与 1 号卷烟烟气相比,2 号卷烟烟气可以在一定程度上改善炎症和免疫反应。

8.3.3　小结

综上所述,与 1 号卷烟、2 号卷烟主流烟气暴露 1、3、6、12 个月的大鼠肺脏、肝脏和心脏组织中的多种炎症和免疫相关基因、蛋白以及信号通路改变相一致,小鼠在 1 号卷烟、2 号

卷烟主流烟气急性暴露 30 天的结果同样提示,炎症反应和免疫机制广泛地参与主流烟气诱导的机体系统性的损伤以及肺部局部炎症反应,而与 1 号卷烟烟气相比,2 号卷烟烟气暴露所导致的机体系统性损伤以及肺部局部炎症反应较小。炎症反应及免疫机制在卷烟主流烟气危害中起到重要的作用,这种作用不仅对肺部局部炎症性损伤有重要意义,对机体全身损伤也具有重要意义。

8.4 细胞信号传导机制

卷烟烟气中的致癌物可活化丝裂原活化蛋白激酶(mitogen-activated protein kinase,MAPK)、JAK-STAT 等信号通路,导致细胞增殖异常和凋亡障碍等,从而诱发癌症的发生发展[24,25]。除了 JAK-STAT 信号以外,NF-κB 信号、氧化应激信号、Wnt 信号和 Notch 信号等调控着与炎症、免疫、细胞增殖和凋亡相关的多种基因的表达,以及肺组织修复和再生,在 COPD 的炎症过程以及肺组织的重构过程中具有重要的地位。

8.4.1 细胞信号传导机制在卷烟烟气危害中作用的实验依据

分析 1 号卷烟、2 号卷烟主流烟气暴露 1、3、6、12 个月大鼠差异表达基因、蛋白共同涉及通路 KEGG 发现:肺脏组织中,1 号卷烟烟气暴露后,钙离子信号通路(calcium signaling pathway)、cAMP 信号通路(cAMP signaling pathway)、过氧化物酶体增殖物激活受体信号通路(PPAR signaling pathway)、趋化因子信号通路(chemokine signaling pathway)、心肌细胞肾上腺素能信号(adrenergic signaling in cardiomyocytes)、肾素-血管紧张素系统(renin-angiotensin system)具有显著的差异;2 号卷烟烟气暴露后,叉头转录因子信号通路(FoxO signaling pathway)、JAK-STAT 信号通路(JAK-STAT signaling pathway)、p53 信号通路(p53 signaling pathway)和心肌细胞肾上腺素能信号具有显著的差异(见表 8-13 和表 8-14)。心脏组织中,1 号卷烟烟气暴露后,钙离子信号通路具有显著的差异;2 号卷烟烟气暴露后,过氧化物酶体增殖物激活受体信号通路具有显著的差异(见表 8-13 和表 8-14)。肝脏组织中,1 号卷烟烟气暴露后,腺苷酸激活蛋白激酶信号通路和花生四烯酸代谢具有显著的差异;2 号卷烟烟气暴露后,叉头转录因子信号通路、花生四烯酸代谢和过氧化物酶体增殖物激活受体信号通路具有显著的差异(见表 8-13 和表 8-14)。

表 8-13　大鼠差异表达基因共同涉及通路 KEGG 分析

序号	烟气	脏器	Pathway name	烟气暴露时间/个月
1	1号	肺脏	calcium signaling pathway	3、6
2	1号	肺脏	cAMP signaling pathway	3、6
3	1号	肺脏	PPAR signaling pathway	3、6
4	1号	肺脏	chemokine signaling pathway	1、12
5	2号	肺脏	FoxO signaling pathway	1、6
6	2号	肺脏	JAK-STAT signaling pathway	6、12
7	2号	肺脏	p53 signaling pathway	1、12
8	1号	心脏	calcium signaling pathway	3、12
9	1号	肝脏	AMPK signaling pathway	3、12
10	2号	肝脏	FoxO signaling pathway	1、6

表 8-14　大鼠差异蛋白共同涉及通路 KEGG 分析

序号	烟气	脏器	Pathway name	烟气暴露时间/个月
1	1号	肺脏	adrenergic signaling in cardiomyocytes	3、6
2	1号	肺脏	renin-angiotensin system	3、6
3	1号	肺脏	PPAR signaling pathway	3、6
4	2号	肺脏	adrenergic signaling in cardiomyocytes	1、3、6
5	2号	心脏	PPAR signaling pathway	6、12
6	1号	肝脏	arachidonic acid metabolism	1、6
7	2号	肝脏	arachidonic acid metabolism	3、6
8	2号	肝脏	PPAR signaling pathway	3、6

8.4.2　细胞信号传导机制在卷烟烟气危害中的作用分析

肺脏组织中,钙离子信号通路、cAMP 信号通路、肾上腺素能信号以及肾素-血管紧张素系统激活与肺部炎症细胞激活、炎症介质释放、肺组织急性和慢性损伤,以及肺组织重构

有密切关系,在哮喘、COPD、肺纤维化、肺癌等多种肺部疾病中发挥着重要的作用[26]。过氧化物酶体增殖物激活受体信号通路在正常人肺组织细胞及炎症细胞中有不同程度的表达。研究显示,PPAR-γ能抑制肺组织炎症水平提升及增殖重构,从而影响 COPD 合并肺动脉高压的形成[27,28]。JAK-STAT 信号通路可以被多种机制激活。JAK-STAT 信号通路的持续激活与肺癌的发生发展、转移有密切联系。另外,JAK-STAT 信号通路通过调控炎症反应、抑制细胞增殖和分化等影响着 COPD、哮喘、间质性肺炎、肺癌等疾病的病理机制,调控 JAK-STAT 信号通路,可以有效地阻断或抑制机体炎症反应,这可能会成为呼吸系统疾病新的治疗方法[27-29]。

心脏组织中,多巴胺能突触信号与组织局部的多巴胺释放具有密切的关系,多巴胺能突触信号的改变可能是 COPD 肺动脉高压和右心衰的关键因素[30]。ErbB 信号通路在调控心肌生长中具有重要的作用,也是心肌细胞应答的重要机制之一,另外,ErbB 信号通路在维持成人心肌结构和功能中同样具有重要的作用[31]。当小鼠因超负荷压力作用而处于代偿性心肌肥大时,其左心室 ErbB2 和 ErbB4 的 mRNA 水平升高,进而转为心力衰竭,与对照组相比,其心肌 ErbB2 和 ErbB4 的 mRNA 和蛋白水平表现为下降,提示 ErbB 在代偿性心肌肥大向心力衰竭的转变中具有重要作用。另外,ErbB2 信号通路与心血管系统动脉粥样硬化以及糖尿病性心肌病变具有密切的关系。HIF-α 是一种低氧敏感因子,低氧状态会抑制 HIF-α 的降解,导致 HIF-α 与 HIF-β 结合形成复合物,进而调控细胞核内相关基因的表达,激活多条信号通路,提高细胞的缺氧适应能力,进而保护细胞。HIF-α 在缺血性心肌病与心力衰竭中通过参与血管张力调节、葡萄糖摄取以及糖酵解等途径调控氧的传递,增强缺氧组织的存活能力,发挥保护心肌的作用[32]。鞘磷脂信号通路可通过调节脂代谢、血管内皮功能等影响动脉粥样硬化的发生发展。另外,鞘磷脂信号通路对心脏具有保护作用,尤其是在心脏缺血再灌注时,其能够降低缺血再灌注对心脏的损伤程度,减小心肌梗死面积,减少心律失常的发生[33]。Toll 样受体信号通路中,TLR4 与动脉粥样硬化的关系非常密切,人类动脉粥样硬化的特点在于,在内皮细胞以及巨噬细胞中 TLR4 表达量均增加。另外,TLR4 在压力超负荷或高血压所致心脏重构、缺血再灌注或心肌梗死后心脏重构、糖尿病心脏重构中具有重要的作用[34]。

肝脏组织中,AMPK 信号通路与肿瘤发生发展的关系逐渐被认识,以前认为激活 AMPK 可以抑制肿瘤细胞的增殖,但随着研究的逐渐深入,有研究显示激活 AMPK 可以促进肿瘤细胞的存活[35]。花生四烯酸代谢与多种癌症的发生发展密切相关,花生四烯酸的主要代谢产物在肿瘤细胞增殖和凋亡、肿瘤转移、肿瘤血管新生和炎症反应等方面起着重要的作用。另外,花生四烯酸的主要代谢产物被公认为是重要的内源性致炎介质,具有广泛的促炎作用,是肺部炎症和全身炎症性反应的重要促进剂[36]。花生四烯酸 CYP450 代谢途径产物环氧二十碳三烯酸(EETs)及 20-羟二十烷四烯酸(20-HETE)可以通过影响心肌缺血再灌注损伤、炎症反应、心肌细胞凋亡、心肌肥厚等病理生理过程影响心力衰竭的发生发展,其中,EETs 主要发挥抑制作用,20-HETE 主要发挥促进作用[37]。

8.4.3 小结

通过对 1 号卷烟、2 号卷烟烟气暴露 1、3、6、12 个月大鼠肺脏、肝脏、心脏的基因组学、蛋白质组学和代谢组学分析,发现多种细胞信号传导机制支配着卷烟烟气的危害。在多种细胞信号通路中,卷烟烟气危害可能主要与钙离子信号通路、cAMP 信号通路、趋化因子信号通路、肾素-血管紧张素系统、PPAR 信号通路等密切相关。

8.5　卷烟危害性评价的生物标志物

美国国立卫生研究院对生物标志物的定义为"一种可客观检测和评价的特性,可作为正常生物学过程、病理过程或治疗干预药理学反应的指示因子"。随着生物芯片、新一代测序等高通量技术的快速发展,围绕生物标志物的发现、筛选、验证以及应用等环节,产生了海量的有关生物标志物的数据。从生物标志物的自然属性的角度,可将其分为核酸类生物标志物、蛋白类生物标志物、糖组生物标志物及其他类生物标志物[38,39]。

（1）核酸类生物标志物。近年来核酸类生物标志物的研究进展非常快,这得益于核酸测序等技术的飞速发展。DNA 类型的生物标志物代表了以下变化或现象:单核苷酸多态性、插入缺失、异常的 DNA 拷贝数变化、甲基化修饰等。RNA 类型的生物标志物包括 RNA 序列、RNA 表达水平、RNA 加工、非编码 RNA 等。

（2）蛋白类生物标志物。人们对它们认识和利用的时间较长,常规体检用到的一些蛋白类指标属于这类生物标志物。用于检测这类生物标志物的样品(如血液、唾液)易于获得,检测程序也不烦琐,因此,这类生物标志物在临床上得到了广泛应用。近年来发展起来的蛋白质组学研究促进了这类生物标志物的研究。

（3）糖组生物标志物。类似于基因组和蛋白质组,糖组是一个生物体或细胞中全部糖类的总和,包括简单的糖类和缀合的糖类。糖缀合物的糖链部分含有庞大的信息量。一些蛋白的糖基化与疾病有关。某些多聚糖可作为乳腺癌标志物。

（4）其他类生物标志物。除以上类型外,一些代谢组学的研究结果也被用于生物标志物的研究中。理论上代谢物包括核酸、蛋白质、脂类生物大分子代谢物以及其他小分子代谢物,目前主要涉及相对分子质量小于 1000 的代谢物。代谢物的数量变化可作为某些疾病的指征。

8.5.1 烟气暴露内剂量的生物标志物

烟碱、巯基尿酸类代谢物和烟草特有亚硝胺作为稳定的化合物，可敏感地在烟气暴露后的大鼠尿样和血样中被检测出，对这些物质进行检测，可有效地检测烟气在体内的暴露内剂量。

8.5.1.1 烟碱

烟碱主要代谢产物可替宁的浓度能准确反映烟碱及其他烟气有害成分的摄入量，目前用于可替宁检测的生物材料主要有血液、尿液、唾液和头发等[40]。

8.5.1.2 巯基尿酸类代谢物

巯基尿酸类代谢物是哺乳类动物体内亲电子物质代谢的最终产物。卷烟烟气中的多种有害成分，包括1,3-丁二烯、苯、丙烯腈、丙烯醛、巴豆醛等挥发性有机化合物的巯基尿酸类代谢物都可以作为高适用性生物标志物，预测个体对有害成分的暴露情况。

8.5.1.3 烟草特有亚硝胺

烟草特有亚硝胺(TSNAs)主要存在于烟草制品中，因此，这些化合物作为卷烟烟气暴露的评价标准和生物标志物具有较高的应用价值。NNK的主要代谢产物为4-(甲基亚硝胺)-1-(3-吡啶)-1-丁醇（NNAL），NNAL与葡萄糖苷酸发生结合反应后，随尿液排出。NNAL与NNAL-葡萄糖苷酸的总量，称为总NNAL，是NNK的生物标志物，也常作为评估TSNAs暴露的生物标志物。NNN是降烟碱发生亚硝化反应后形成的，NNN与NNN-葡萄糖苷酸的总量，即总NNN，可作为降烟碱的生物标志物。目前仅有少量文献报道了NNN暴露生物标志物的分析，NAB和NAT的生物标志物研究也很少，主要是尿液中这些化合物原型物的分析。

8.5.2 烟气暴露危害性的生物标志物

流行病学调查发现吸烟诱发癌症、慢性阻塞性肺疾病和心血管疾病是氧化应激、炎症反应、免疫反应、血小板活化和代谢异常等通路互相影响和互相作用的结果。

8.5.2.1　PAH-DNA 加合物和 CYP1A1

PAH-DNA 加合物是一种有效的生物标志物,与环境暴露多环芳烃有着密切的关系。随着分子生物学技术的不断发展,越来越多可靠灵敏的方法被用于检测 PAH-DNA 加合物。PAH-DNA 加合物可出现在生物体的许多组织和细胞中,对潜在的危害提出一个早期的预警。

苯并芘是 PAHs 的代表物。苯并芘是一种前致癌物,在体内经代谢活化转变成终致癌物后才具有致癌作用。其引起 DNA 损伤的机制可能为:苯并芘进入体内后,大部分在肝、肺细胞微粒体中细胞色素 P450 酶系的氧化作用下形成环氧化物,然后被水解成二羟基化合物,再由 P450 酶系二次氧化生成二羟基环氧化物,此为终致癌物。该终致癌物可与细胞大分子 DNA 中的亲核基团鸟嘌呤的外环氨基端结合,还可与转录因子结合,从而损伤 DNA,进而激活原癌基因或使抑癌基因失活,启动致癌过程[5]。

肝微粒体混合功能氧化酶 CYP1A1 的代谢活性和肺癌发生的相关性非常明确。卷烟烟气中的一些成分,如苯并芘、二噁英等,都是致癌物质,而它们的代谢活化都与 CYP1A1 密不可分。卷烟烟气的主要组分之一是 PAHs。PAHs 本身是 CYP1A1 的代谢底物,PAHs 同样也能激活 CYP1A1 代谢酶,生成具有强致癌性的亲电子环氧化物[41,42]。

许华夏等[43]以苯并芘作为多环芳烃代表暴露物,研究真菌细胞色素 P450 含量与多环芳烃浓度及降解率的相互关系,结果表明,在一定的浓度范围(0～200 mg/L)内,苯并芘浓度与真菌细胞色素 P450 含量呈明显正相关,苯并芘浓度与真菌细胞色素 P450 含量之间表现出明显的剂量-效应关系。

8.5.2.2　氧化应激指标

氧化应激在卷烟主流烟气的危害中具有重要的地位,是主流烟气导致心、肺组织损伤以及相应的心血管功能紊乱和肺部炎症的关键因素。

脂质氧化终产物丙二醛(MDA)会影响线粒体内关键酶的活性。同时,MDA 是膜脂过氧化重要的产物之一,它的产生会加剧膜的损伤。在氧化应激生理研究中,MDA 含量是一个常用指标,可通过 MDA 含量了解膜脂过氧化的程度,从而了解膜系统受损程度以及氧化应激的严重程度。

此外,外周血活性氧(ROS)也是重要的氧化应激指标。武小杰等[44]采用流式细胞术检测 138 名吸烟 COPD 患者、125 名吸烟健康者和 135 名非吸烟健康者外周血单个核细胞中的 ROS 水平,其中 32 名参与者采用 ELISA 法同时检测肺组织中的 ROS 水平。结果显示,吸烟 COPD 患者肺组织和外周血单个核细胞中的 ROS 水平明显高于吸烟健康者和非吸烟健康者,且吸烟健康者明显高于非吸烟健康者。ROS 水平在肺组织和外周血单个核

细胞中呈正相关。吸烟 COPD 患者局部和全身的氧化应激水平明显高于吸烟健康者和非吸烟健康者。外周血单个核细胞中的 ROS 水平可作为潜在的生物标志物,用于评估烟气暴露的氧化损伤程度和 COPD 的严重程度。

8.5.2.3　免疫因子

TNF-α 是由巨噬细胞分泌的一种小分子蛋白,在健康人血清中通常为(4.3 ± 2.8) mg/L,在类风湿关节炎、多发性硬化症、恶性肿瘤患者血清中,可检测到 TNF-α 增高。革兰氏阴性杆菌或脑膜炎球菌引起弥散性血管内凝血、中毒性休克时,可测出高水平的 TNF-α。血清中 TNF-α 水平增高对某些感染性疾病(如脑膜炎球菌感染)的病情观察有价值。

IL-6 由纤维母细胞、巨噬细胞、T 淋巴细胞、B 淋巴细胞、上皮细胞、角质细胞以及多种瘤细胞所产生,具有广泛的生物学功能,如诱导 B 淋巴细胞分化、支持浆细胞瘤增生、诱导 IL-2 和 IL-2 受体表达、诱导单核细胞分化、增强 NK 细胞活性等。冠心病患者血清 IL-6、IL-10 浓度升高,体外循环使 IL-6 和 IL-8 合成增加,合并肺动脉高压者 IL-6 水平高于无肺动脉高压者。IL-6 还有可能导致各种不同病因的心衰患者心肌损伤及功能障碍加重。因此,IL-6 在多种心血管疾病病理生理过程中起到重要作用。

8.5.2.4　花生四烯酸代谢物

花生四烯酸(arachidonic acid,AA)是人体必需的脂肪酸,属于多不饱和脂肪酸。游离的 AA 在正常的生理状态下水平很低,但当细胞膜受到各种刺激时,AA 便从细胞膜中释放,并转变为具有生物活性的代谢产物。目前知道至少有三类酶参与 AA 的代谢。游离的 AA 在环加氧酶的作用下先形成不稳定的环内过氧化物(PGG2 和 PGH2),然后进一步形成前列腺素(PG)、前列环素(PGI2)和血栓素(TXA2)。TXA2 在水溶液中不稳定,很快降解为 TXB2。PGI2 的性质不稳定,在中性溶液中可水解成 6-k-PGF1α,然后在肝脏中进一步代谢为 6-k-PGE1。AA 经脂加氧酶作用生成羟基二十碳四烯酸(HETEs)、白三烯(LTs)以及脂氧素。CYP450 可分解 AA 生成多种环氧化物,同时也产生 HETEs 等。

花生四烯酸及其代谢物具有广泛的生理学效应,作为第二信使,花生四烯酸及其代谢物能促进或放大其他第二信使系统,如 cAMP 和 cGMP。花生四烯酸及其代谢物参与造血和免疫调节,对心血管系统产生显著的影响,在脑缺血、皮肤病、糖尿病肾病、呼吸系统疾病、心血管系统疾病中具有重要的病理生理意义。

在卷烟烟气暴露 7 天的大鼠血清和肺组织中,花生四烯酸的代谢呈明显的上升趋势,而肺组织中,16(R)-羟基花生四烯酸的代谢也呈明显的上升趋势(见表 8-15),提示卷烟烟气暴露激活花生四烯酸代谢酶,诱导花生四烯酸的代谢,可能与卷烟烟气危害密切相关。

表 8-15 烟气暴露大鼠体内重要差异生物标志物的鉴定结果

标志物	t_R/min	特征离子	代谢物（趋势）	代谢通路
血-2	12.01	303.2310[M−H]⁻	花生四烯酸（↑）*	花生四烯酸代谢
肺-3	10.64	303.2010[M−H]⁻	花生四烯酸（↑）*	花生四烯酸代谢
肺-7	5.67	319.1999[M−H]⁻	16（R）-羟基花生四烯酸（↑）	花生四烯酸代谢

注：t_R 为保留时间；↑表示代谢物浓度升高，均为烟气暴露第 7 天时吸烟组与对照组相比；* 表示用标准品鉴定。

同时，对 1 号卷烟组和 2 号卷烟组烟气暴露 1、3、6 个月的大鼠血清和尿液中的花生四烯酸代谢物进行检测分析，结果如表 8-16 所示。血样中，花生四烯酸代谢物 5,6-DHET，2号卷烟组明显低于 1 号卷烟组也低于对照组；尿样中，白三烯 A4（leukotriene A4），1 号卷烟组、2 号卷烟组均明显低于对照组。卷烟烟气暴露 3 个月的大鼠血样中，花生四烯酸代谢物 hepoxilin A3 和 B3，1 号卷烟组明显低于对照组；但前列腺素（prostaglandin）A2 和 J2，2 号卷烟组明显低于对照组。

综合上述分析，花生四烯酸的多种代谢物在 1 号卷烟组和 2 号卷烟组烟气暴露 1、3、6个月的大鼠中具有显著的差异。花生四烯酸代谢物与呼吸系统、心血管系统、免疫系统和内分泌代谢系统的病理生理密切相关。鉴于这些花生四烯酸代谢物在血液中的稳定性以及测定的可行性，认为将这些花生四烯酸代谢物作为评价卷烟烟气暴露危害性的生物标志物具有现实的可行性。

表 8-16 烟气暴露大鼠血清、尿液差异代谢物的统计分析结果

烟气暴露时间/个月	样品	代谢物名称	质荷比	保留时间/min	变化趋势	相关代谢通路
1	血清	5,6-DHET	337.24	4.14	↓ bc	花生四烯酸代谢
1	尿液	leukotriene A4	341.21	3.72	↓ ab	花生四烯酸代谢
3	血清	hepoxilin B3	354.26	3.55	↓ a	花生四烯酸代谢
3	血清	hepoxilin A3	335.22	2.92	↓ a	花生四烯酸代谢
3	血清	prostaglandin A2	401.19	3.37	↓ b	花生四烯酸代谢
3	血清	prostaglandin J2	357.20	3.57	↓ b	花生四烯酸代谢
6	血清	leukotriene A4	341.21	3.83	↓ a	花生四烯酸代谢

注：a 表示 1 号卷烟组-对照组，b 表示 2 号卷烟组-对照组，c 表示 2 号卷烟组-1 号卷烟组。

8.5.3　心肺功能生物学效应相关的生物标志物

在呼吸系统中,长期烟气暴露导致以通气功能受阻为特征的慢性阻塞性肺疾病以及继发的肺动脉高压和肺源性心脏病。在心血管系统中,长期烟气暴露导致吸入大量尼古丁等有毒物质,对机体心血管、血脂及凝血功能等产生影响,继而引发高血压、高胆固醇血症、动脉硬化、心源性猝死、冠心病等心血管疾病。

8.5.3.1　左心功能的生物标志物

1. 左心室射血分数和短轴缩短率

左心室射血分数(EF)反映左心室的泵血功能,左心室射血分数降低常常表示心肌收缩力降低,左心功能不良,正常情况下左心室射血分数应高于50%。左心室短轴缩短率(FS)的临床意义与左心室射血分数相同,正常情况下左心室短轴缩短率应高于28%。这两个指标直接反映了左心功能,也是左心功能的重要指标。

选择 NS 组、1 号卷烟组、2 号卷烟组进行大鼠长期烟气暴露实验,考察烟气暴露对大鼠左心室射血分数和短轴缩短率的影响,结果如表 8-17 所示。1 号卷烟烟气暴露 6 和 12 个月后,EF 和 FS 均显著降低,而 2 号卷烟烟气暴露 12 个月后不仅改善了 EF,而且改善了 FS。EF 和 FS 可以通过超声心动图检测得到,这两个指标非常稳定,是临床用于评价左心功能的重要指标。

表 8-17　烟气暴露对大鼠左心室射血分数和短轴缩短率的影响

烟气暴露时间/个月	指标	例数	组别		
			NS 组	1 号卷烟组	2 号卷烟组
1	EF/(%)	$n=12$	80.92 ± 2.57	80.00 ± 2.67	80.67 ± 3.26
	FS/(%)		—	—	—
3	EF/(%)	$n=12$	78.50 ± 0.74	74.83 ± 0.70	74.08 ± 1.49
	FS/(%)		—	—	—
6	EF/(%)	$n=12$	81.33 ± 1.79	$71.25\pm1.99^{##}$	72.17 ± 2.41
	FS/(%)		45.61 ± 1.88	$36.42\pm1.67^{##}$	37.09 ± 1.86
12	EF/(%)	$n=11\sim12$	75.55 ± 1.57	$67.82\pm1.70^{##}$	$75.25\pm2.49^{*}$
	FS/(%)		39.91 ± 1.40	$33.73\pm1.40^{##}$	$40.33\pm2.41^{*}$

注:与 NS 组比较,$^{##}P<0.01$;与 1 号卷烟组比较,$^{*}P<0.05$。

2. 肌酸激酶同工酶和乳酸脱氢酶

肌酸激酶同工酶(CK-MB)大部分来自心肌,是非常重要的心肌指标,临床上常将它用作心肌梗死发作后血栓溶解治疗的监控指标。CK-MB 对心肌有较高的特异性,特别在急性心肌梗死发作时会大量分泌到血液中。CK-MB 会在心肌梗死发作后 4~6 小时上升,24小时达到最高点。临床上使用 CK-MB 来诊断急性心肌梗死已有多年,也建立了良好的使用判读模式。

乳酸脱氢酶主要存在于心肌、肝、肾、骨骼肌、肺等组织中,是生物体内糖酵解过程中一种至关重要的氧化还原酶[45],能可逆地催化乳酸氧化为丙酮酸。乳酸脱氢酶测定常用于诊断心肌梗死、肝病和某些恶性肿瘤[46]。

8.5.3.2 右心功能的生物标志物

1. 肺动脉压力和右心肥厚指数

COPD 患者中肺动脉高压和右心肥厚呈现出因果关系,肺动脉压力和右心肥厚指数可以直接反映右心功能,也是 COPD 合并肺源性心脏病的诊断依据之一。由于肺动脉压力指标稳定,肺动脉压力的改变可以很好地反映右心功能的变化,而且肺动脉压力能通过超声心动图进行检测,所以肺动脉压力是右心功能改变预警的重要标志物。

选择 NS 组、1 号卷烟组、2 号卷烟组进行大鼠长期烟气暴露实验,烟气暴露对大鼠肺动脉压力和右心肥厚指数的影响如表 8-18 和表 8-19 所示。由表 8-18 可知,1 号卷烟烟气暴露 3 个月后开始呈现肺动脉压力的升高,而 2 号卷烟烟气暴露 6 个月后开始呈现降低肺动脉高压的作用,并且随暴露时间延长,作用愈加明显。

由表 8-19 可知,1 号卷烟烟气暴露 12 个月后,右心肥厚指数显著增加,而 2 号卷烟烟气暴露 12 个月后,右心肥厚指数的增幅明显较小。

表 8-18 烟气暴露对大鼠肺动脉压力的影响

烟气暴露时间/个月	指标	例数	组别		
			NS 组	1 号卷烟组	2 号卷烟组
1		$n=12$	12.99 ± 0.59	12.94 ± 0.97	11.49 ± 0.39
3	肺动脉压力	$n=12$	13.50 ± 0.51	$15.07\pm0.42^\#$	14.15 ± 1.36
6	/mmHg	$n=10\sim12$	10.12 ± 0.66	$12.95\pm0.42^{\#\#}$	$11.81\pm0.23^*$
12		$n=8\sim12$	8.27 ± 0.35	$10.66\pm0.35^{\#\#}$	$9.45\pm0.40^*$

注:与 NS 组比较,$^\#P<0.05$,$^{\#\#}P<0.01$;与 1 号卷烟组比较,$^*P<0.05$。

表 8-19　烟气暴露对大鼠右心肥厚指数的影响

烟气暴露时间/个月	指标	例数	组别		
			NS组	1号卷烟组	2号卷烟组
12	RVHI[b]	$n=10\sim12$	0.43 ± 0.02	$0.51\pm0.02^{\#}$	$0.45\pm0.01^{*}$

注：与 NS 组比较，[#] $P<0.05$；与 1 号卷烟组比较，[*] $P<0.05$。

2. 血氧饱和度

由于 COPD 患者通气功能受阻，其直接的体现是血氧饱和度下降，因此，血氧饱和度可作为右心功能的直接指标，也是卷烟烟气暴露危害性的生物标志物之一。

8.5.3.3　呼吸系统相关的生物标志物

1. $FEV_{0.1}/FVC$

吸烟诱导 COPD 的过程中，肺功能的下降是最重要的指标。$FEV_{0.1}/FVC$ 可以直接反映肺功能的改变。

选择 NS 组、1 号卷烟组、2 号卷烟组进行大鼠长期烟气暴露实验，烟气暴露对大鼠肺功能的影响如表 8-20 所示。烟气暴露 1 个月后，1 号卷烟组和 2 号卷烟组大鼠的肺功能没有显著的差异；烟气暴露 3 个月后，1 号卷烟组大鼠的 FVC 明显降低，而 2 号卷烟烟气能显著地改善 FVC；烟气暴露 6 和 12 个月后，1 号卷烟组大鼠的 FVC 和 $FEV_{0.1}/FVC$ 均显著降低，而 2 号卷烟烟气能不同程度地显著改善 FVC 和 $FEV_{0.1}/FVC$。

$FEV_{0.1}/FVC$ 的检测方便、稳定、可靠，是卷烟烟气对呼吸系统的危害最直接的生物标志物。

表 8-20　烟气暴露对大鼠肺功能的影响

烟气暴露时间/个月	指标	例数	组别		
			NS组	1号卷烟组	2号卷烟组
1	FVC/mL	$n=12$	11.59 ± 0.37	10.22 ± 0.44	11.41 ± 0.57
	$FEV_{0.1}/FVC/(\%)$		30.06 ± 1.44	30.42 ± 1.06	30.65 ± 1.47
3	FVC/mL	$n=12$	12.77 ± 0.36	$11.25\pm0.41^{\#}$	$12.72\pm0.33^{**}$
	$FEV_{0.1}/FVC/(\%)$		28.14 ± 1.13	29.83 ± 1.11	27.74 ± 0.81

续表

烟气暴露时间/个月	指标	例数	组别		
			NS 组	1 号卷烟组	2 号卷烟组
6	FVC/mL	$n=10\sim12$	15.33 ± 0.43	$12.77\pm0.50^{\#\#}$	$14.42\pm1.98^{*}$
	$FEV_{0.1}/FVC/(\%)$		39.76 ± 2.37	$29.98\pm1.10^{\#\#}$	$34.60\pm1.18^{*}$
12	FVC/mL	$n=9\sim12$	15.54 ± 0.51	$13.12\pm0.39^{\#\#}$	$14.90\pm0.54^{*}$
	$FEV_{0.1}/FVC/(\%)$		35.24 ± 1.56	$28.10\pm0.95^{\#\#}$	$32.61\pm1.63^{*}$

注：与 NS 组比较，$^{\#}P<0.05$，$^{\#\#}P<0.01$；与 1 号卷烟组比较，$^{*}P<0.05$，$^{**}P<0.01$。

2. 痰液中炎症细胞数目

卷烟烟气暴露最直接的反应是肺组织的炎症细胞浸润，正常人或动物的肺部几乎没有炎症细胞，或者有极少的炎症细胞，而长期烟气暴露的动物或者长期吸烟的人的肺部的炎症细胞明显增多。

选择 NS 组、1 号卷烟组、2 号卷烟组进行大鼠长期烟气暴露实验，烟气暴露 1、3、6、12 个月后大鼠肺泡灌洗液中炎症细胞的数目如表 8-21 所示。烟气暴露 1、3、6、12 个月后，与 NS 组相比，1 号卷烟组大鼠肺部有显著的巨噬细胞、中性粒细胞和淋巴细胞堆积；与 1 号卷烟组相比，2 号卷烟可以不同程度地减少巨噬细胞、中性粒细胞和淋巴细胞在肺部的堆积。这些结果提示，2 号卷烟烟气能显著地改善肺部炎症细胞的浸润。

根据生物标志物的定义，肺泡灌洗液中的炎症细胞数目无法作为生物标志物，但痰液中的炎症细胞数目可以直接反映肺部炎症细胞的数目状况，而且长期烟气暴露的动物或者人群中痰液增多，痰液易得。考虑到该指标的显著差异和检测方便性，建议将痰液中的炎症细胞数目纳入卷烟烟气暴露危害性的生物标志物。

表 8-21　烟气暴露对大鼠肺泡灌洗液中炎症细胞的影响（1×10^5）

烟气暴露时间/个月	细胞类型	例数	组别		
			NS 组	1 号卷烟组	2 号卷烟组
1	总细胞	$n=12$	11.41 ± 1.01	$22.30\pm1.35^{\#\#}$	$15.71\pm1.02^{**}$
	巨噬细胞		10.07 ± 0.85	$15.41\pm0.90^{\#\#}$	$12.41\pm0.68^{*}$
	中性粒细胞		0.39 ± 0.12	$3.85\pm0.55^{\#\#}$	$1.91\pm0.36^{**}$
	淋巴细胞		0.95 ± 0.17	$2.38\pm0.29^{\#\#}$	$1.23\pm0.15^{**}$

续表

烟气暴露时间/个月	细胞类型	例数	组别		
			NS 组	1 号卷烟组	2 号卷烟组
3	总细胞	n＝12	16.08±0.85	27.50±1.48##	17.42±1.04**
	巨噬细胞		14.15±0.76	20.02±1.47##	13.55±0.74**
	中性粒细胞		0.54±0.15	4.63±0.72##	2.08±0.36**
	淋巴细胞		1.39±0.18	2.74±0.29##	1.78±0.17**
6	总细胞	n＝10～12	17.18±0.85	31.34±1.39##	16.54±1.33**
	巨噬细胞		15.15±0.76	22.24±1.50##	14.90±1.43*
	中性粒细胞		1.49±0.16	3.51±0.35##	2.03±0.31**
	淋巴细胞		0.74±0.17	5.18±0.60##	2.27±0.21**
12	总细胞	n＝10～12	20.63±1.61	35.92±2.95##	23.05±1.37**
	巨噬细胞		16.68±1.34	24.93±1.96##	18.06±1.18**
	中性粒细胞		2.99±0.29	5.46±0.76##	3.42±0.34*
	淋巴细胞		0.96±0.19	5.53±0.72##	1.57±0.22**

注：与 NS 组比较，## $P<0.01$；与 1 号卷烟组比较，* $P<0.05$，** $P<0.01$。

参 考 文 献

[1] Lee Y M. Chronic obstructive pulmonary disease：Respiratory review of 2014 [J]. Tuberculosis and Respiratory Diseases，2014，77(4)：155-160.

[2] Wewers M E，Munzer A，Ewart G. Tackling a root cause of chronic lung disease：The ATS，FDA，and tobacco control[J]. Am. J. Respir. Crit. Care Med.，2010，181(12)：1281-1282.

[3] Rodgman A，Perfetti T A. The Chemical Components of Tobacco and Tobacco Smoke[M]. Boca Raton：CRC Press，2008.

[4] 石梦蝶，李文芳，万丹，等. 长期吸烟对小鼠肝脏代谢酶影响[J]. 中国公共卫生，

2011,27(5):605-606.

[5] 王冬雪,胡玉霞,白图雅,等.被动吸烟对小鼠肺组织中 CYP1A1、CYP1B1、VEGF 和 CA Ⅸ 表达的影响[J].中南药学,2019,17(2):173-178.

[6] 赵保路.吸烟、自由基与健康[J].生物物理学报,2012,28(4):332-340.

[7] Yoshida T,Tuder R M. Pathobiology of cigarette smoke-induced chronic obstructive pulmonary disease[J]. Physiol. Rev. ,2007,87(3):1047-1082.

[8] Goldkorn T,Filosto S. Lung injury and cancer:Mechanistic insights into ceramide and EGFR signaling under cigarette smoke[J]. Am. J. Respir. Cell Mol. Biol. , 2010,43(3):259-268.

[9] Culpitt S V, de Matos C, Russell R E,et al. Effect of theophylline on induced sputum inflammatory indices and neutrophil chemotaxis in chronic obstructive pulmonary disease[J]. Am. J. Respir. Crit. Care Med. ,2002,165(10):1371-1376.

[10] Hardaker E L,Freeman M S,Dale N,et al. Exposing rodents to a combination of tobacco smoke and lipopolysaccharide results in an exaggerated inflammatory response in the lung[J]. Br. J. Pharmacol. ,2010,160(8):1985-1996.

[11] Cortijo J, Iranzo A, Milara X, et al. Roflumilast, a phosphodiesterase 4 inhibitor,alleviates bleomycin-induced lung injury[J]. Br. J. Pharmacol. ,2009,156(3): 534-544.

[12] 陈珺芳,马海燕,汤静,等.杭州市归因于吸烟的疾病负担研究[J].浙江预防医学,2016(3):226-229,239.

[13] 韩胜红,齐俊锋,李俊琳,等.吸烟行为与心血管病监测指标相关性分析[J].中国公共卫生,2019,35(5):554-557.

[14] 刘洋,闫蕊,李祥廷.烟熏大鼠心肌组织中缺氧诱导因子-1α 和血管内皮生长因子的表达[J].中国卫生标准管理,2017(21):132-136.

[15] Barua R S,Sharma M,Dileepan K N. Cigarette smoke amplifies inflammatory response and atherosclerosis progression through activation of the H1R-TLR2/4-COX2 axis[J]. Front. Immunol. ,2015,9(6).

[16] White W B. Smoking-related morbidity and mortality in the cardiovascular setting[J]. Preventive Cardiology,2007,10(s2):1-4.

[17] 薛艳凤,孔璟,陶剑,等.吸烟相关的 DNA 甲基化改变及疾病风险[J].国际遗传学杂志,2019(5):341-347.

[18] 宋肖静,王朝霞,徐汪节,等.尼古丁对血管平滑肌细胞 NF-κB 通路的影响[J].生物物理学报,2011,27(8):696-702.

[19] Mulero M C, Huxford T, Ghosh G. NF-κB, IκB, and IKK:Integral components of immune system signaling[J]. Adv. Exp. Med. Biol. ,2019,1172:207-226.

[20] Fiordelisi A,Iaccarino G,Morisco C,et al. NFkappaB is a key player in the

crosstalk between inflammation and cardiovascular diseases[J]. Int. J. Mol. Sci., 2019, 20(7).

[21] Mitchell J P, Carmody R J. NF-κB and the transcriptional control of inflammation[J]. Int. Rev. Cell Mol. Biol., 2018, 335:41-84.

[22] Alrouji M, Manouchehrinia A, Gran B, et al. Effects of cigarette smoke on immunity, neuroinflammation and multiple sclerosis[J]. J. Neuroimmunol., 2019, 329: 24-34.

[23] Hallstrand T S, Hackett T L, Altemeier W A, et al. Airway epithelial regulation of pulmonary immune homeostasis and inflammation[J]. Clin. Immunol., 2014, 151(1):1-15.

[24] Liang Z F, Wu R, Xie W, et al. Effects of curcumin on tobacco smoke-induced hepatic MAPK pathway activation and epithelial-mesenchymal transition *in vivo* [J]. Phytother. Res., 2017, 31(8):1230-1239.

[25] Yew-Booth L, Birrell M A, Lau M S, et al. JAK-STAT pathway activation in COPD[J]. Eur. Respir. J., 2015, 46(3):843-845.

[26] Laudette M, Zuo H, Lezoualc'h F, et al. Epac function and cAMP scaffolds in the heart and lung[J]. J. Cardiovasc. Dev. Dis., 2018, 5(1).

[27] Qu J, Yue L, Gao J, et al. Perspectives on Wnt signal pathway in the pathogenesis and therapeutics of chronic obstructive pulmonary disease[J]. J. Pharmacol. Exp. Ther., 2019, 369(3):473-480.

[28] Reddy A T, Lakshmi S P, Banno A, et al. Role of GPx3 in PPAR gamma-induced protection against COPD-associated oxidative stress[J]. Free Radic. Biol. Med., 2018, 126:350-357.

[29] Wang C Y, Ding H Z, Tang X, et al. Effect of Liuweibuqi capsules in pulmonary alveolar epithelial cells and COPD through JAK/STAT pathway[J]. Cell Physiol. Biochem., 2017, 43(2):743-756.

[30] 中华医学会心血管病学分会肺血管病学组,中华心血管病杂志编辑委员会. 中国肺高血压诊断和治疗指南 2018[J]. 中华心血管病杂志, 2018(12):933-964.

[31] Kenigsberg B, Jain V, Barac A. Cardio-oncology related to heart failure: Epidermal growth factor receptor target-based therapy[J]. Heart Fail. Clin., 2017, 13(2): 297-309.

[32] Abe H, Semba H, Takeda N. The roles of hypoxia signaling in the pathogenesis of cardiovascular diseases[J]. J. Atheroscler. Thromb., 2017, 24(9): 884-894.

[33] Stenemo M, Ganna A, Salihovic S, et al. The metabolites urobilin and sphingomyelin (30:1) are associated with incident heart failure in the general population

[J]. ESC Heart Fail. ,2019,6(4):764-773.

[34]　Sharma S, Garg I, Ashraf M Z. TLR signalling and association of TLR polymorphism with cardiovascular diseases[J]. Vascul. Pharmacol. ,2016,87:30-37.

[35]　Woods A,Williams J R,Muckett P J,et al. Liver-specific activation of AMPK prevents steatosis on a high-fructose diet[J]. Cell Rep. ,2017,18(13):3043-3051.

[36]　Rutting S,Papanicolaou M,Xenaki D,et al. Dietary ω-6 polyunsaturated fatty acid arachidonic acid increases inflammation, but inhibits ECM protein expression in COPD[J]. Respir. Res. ,2018,19(1).

[37]　Rocic P,Schwartzman M L. 20-HETE in the regulation of vascular and cardiac function[J]. Pharmacol. Ther. ,2018,192:74-87.

[38]　张薇,江德鹏. COPD 生物标志物研究进展[J].临床肺科杂志,2019,24(11): 2088-2092.

[39]　Mastrangelo A， Barbas C. Chronic diseases and lifestyle biomarkers identification by metabolomics[J]. Adv. Exp. Med. Biol. ,2017,965:235-264.

[40]　Hoffmann D,Rivenson A,Hecht S S. The biological significance of tobacco-specific N-nitrosamines:Smoking and adenocarcinoma of the lung[J]. Crit. Rev. Toxicol. , 1996,26(2):199-211.

[41]　Wohak L E, Krais A M, Kucab J E, et al. Carcinogenic polycyclic aromatic hydrocarbons induce CYP1A1 in human cells via a p53-dependent mechanism[J]. Arch. Toxicol. ,2016,90(2):291-304.

[42]　Jiang C L,He S W,Zhang Y D,et al. Air pollution and DNA methylation alterations in lung cancer:A systematic and comparative study[J]. Oncotarget,2017,8 (1):1369-1391.

[43]　许华夏,李培军,刘宛,等.真菌细胞色素 P450 与多环芳烃浓度及降解率的相互关系[J].农业环境科学学报,2004,23(5):972-976.

[44]　武小杰,陈菁.N-乙酰半胱氨酸对慢性阻塞性肺疾病患者体内炎症水平的影响[J].医药导报,2019,38(9):1183-1187.

[45]　富敏霞,祝铃钰,贠军贤.乳酸脱氢酶的分离纯化及其催化合成苯乳酸的研究进展[J].化工进展,2018,37(12):4814-4820.

[46]　张水山,等.实用临床基础检验学(下)[M].长春:吉林科学技术出版社,2017.

附录 A

附表 A-1　小鼠肺部病理疾病活动指数(DAI)评分表

序号	烟雾浓度	吸烟时间	吸烟天数	DAI 评分均值	COPD
1	10%	10 min/(次·日)	30	1.4	否
2	10%	20 min/(次·日)	30	2.2	否
3	10%	40 min/(次·日)	30	2.4	否
4	10%	10 min/(次·日)	60	2.5	否
5	10%	20 min/(次·日)	60	3.0	否
6	10%	40 min/(次·日)	60	4.2	否
7	20%	10 min/(次·日)	30	1.2	否
8	20%	20 min/(次·日)	30	4.4	否
9	20%	40 min/(次·日)	30	4.2	否
10	20%	10 min/(次·日)	60	2.0	否
11	20%	20 min/(次·日)	60	5.0	否
12	20%	40 min/(次·日)	60	5.2	否
13	40%	10 min/(次·日)	30	6.4	否
14	40%	20 min/(次·日)	30	8.2	否
15	40%	40 min/(次·日)	30	8.6	否
16	40%	10 min/(次·日)	60	8.8	否
17	40%	20 min/(次·日)	60	10.2	否
18	40%	40 min/(次·日)	60	11.4	否
19	60%	10 min/(次·日)	30	8.8	否
20	60%	20 min/(次·日)	30	10.8	否
21	60%	40 min/(次·日)	30	12.4	否
22	60%	10 min/(次·日)	60	9.4	否
23	60%	20 min/(次·日)	60	12.4	否
24	60%	40 min/(次·日)	60	13.4	否
25	80%	10 min/(次·日)	30	12.2	否
26	80%	20 min/(次·日)	30	12.8	是
27	80%	40 min/(次·日)	30	15.0	是
28	80%	10 min/(次·日)	60	13.6	是
29	80%	20 min/(次·日)	60	15.0	是
30	80%	40 min/(次·日)	60	15.0	是

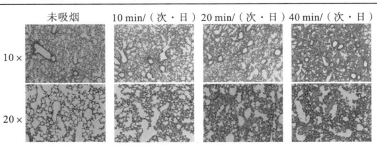

附图 A-1　小鼠吸烟 30 天后肺部典型病理表现